做出實戰好口碑！圖解天王AV男優清水健萬人斬性愛密技

前言

該說初次見面嗎？

還是「啊，那個人我在A片中看過」呢？

如果是最近的話，那些不知道我在從事AV男優這份工作的人，搞不好會說「是在YouTube上聊些情色話題的人」。

一轉眼，從事AV男優這份工作已過了22個年頭，演出的片子差不多1萬支，發生性關係的人數也超過1萬人，而年紀來到了40歲。日本男性的平均壽命約81歲，所以我剛好是人生過半的折返點。如果從這個時候開始邁向不同路程的話……那麼不就可以享受兩次人生了嗎!?於是這麼想的我，開始積極從事AV男優以外的活動。

在這些活動當中，其中一項就是利用從事AV男優時所累積的寶貴經驗，來推廣「性知識啟蒙活動」。因為我發現世人關心的眾多事物當中，在性與做愛這方面幾乎找不到「由經驗法則交織而成的文章與參考書」。

明明大家都非常關心這個主題，卻找不到一本具有說服力的內容或參考書。就算在好奇心驅使之下上網搜尋，找到的也都是一些無法確定真偽的資訊，結果就只能憑靠不太正常的性知識來體驗性愛。

有些醫師會提筆撰寫與性愛有關的書籍，但是那位醫師擁有的性經驗真的是「最佳性愛」嗎？

性愛這檔事有很多部分是無法透過理論來闡述的。正因如此，每個人的做愛方式才會各有千秋，富饒趣意。

不僅如此，對於性事的疑難雜症，例如：早洩、晚洩的治療方法、最近對自己的勃起能力失去信心、從未有過高潮……等等，擁有明確答案的人根本就是屈指可數。

而我對於這些疑難雜症都能夠具體告訴大家答案，因為這「全都是我曾經遇過的問題」，而且「我還越過了這些難關」。

這些難關會隨著我們的努力變成一扇大門。

所謂讀一書，增一智。在具備知識的情況之下披掛上陣，與在一無所知的情況之下衝向戰場，得到的結果可是千差萬別。然而就算博學多才，也未必能保證事事會盡如人意。一切都會在嘗試與錯誤之間遊走。為了助大家一臂之力，這個部分我也會在書中加以提醒。

當大家為性所困、對於性事與做愛有任何疑難雜症時，希望這本書多少能夠派上用場，以減輕大家的壓力。

本書為2019年8月笠倉出版社所出版的《しみけん式「超」SEXメソッド 本物とはつねにシンプルである》
增添、修正文字內容並增加漫畫、插畫而完成之作品。

漫畫：仲村ユキトシ

5 號的話整天都有空
時間可以配合妳喔

有家拉麵店
值得大力推薦
要不要一起去呢？

……到目前為止
還算及格吧……

看起來很好吃耶～♪
滑
咻
啊……
謝謝……♥
要用嗎？
嗯……
清水健筆記
讓知道對方「在想什麼、在找什麼？」的豐富「想像力」化為貼心的舉動。

DRINK
ORDER
DRINK
ORDER
啵～
呼……

緊張

趕時間嗎？
……
要不要到我家休息
等酒退呢？
嗯

嗯……
啾
啾

……
嗯……
啾

啊……這……
啾
啾
好像會
很舒服……

抱緊
嗯嗯♥
清水健筆記
只要「情意相投」，就能明白怎麼做可
讓對方感到舒爽銷魂。（情意相投的方
法請見本文）

啾
啊啊……
嗯……
脫ooo
清水健筆記
衣服也是對方身體的一部分。若能一邊讓對方感覺舒服，一邊慢慢褪去衣物、順便摺好的話，對方也會開心的。
嗯……
不要讓我心急如焚……

嗯……!?
驚

啊……

CONTENTS

愛撫

舔陰

COLUMN

STEP.1

事前準備

性愛前的衛生禮節
男性篇

重視清潔感

「要怎麼做才會受到女性歡迎呢？」

這是一個最常聽到的問題。

答案是「想受歡迎必須相當努力，但是不被他人討厭卻意外簡單」。

女性共同討厭的類型第一名就是「不愛乾淨的人」。

而越是覺得「自己沒問題」的人就越危險。

衣服就算便宜也沒關係，所以買的時候一定要請女店員幫你挑一件「可讓整個人看起來非常潔淨的衣服」喔！

因為「看起來整不整潔是對方說的，不是自己說了就算」。即使覺得自己身上穿的是「相當乾淨的衣服」，卻未必能得到對方認同。

所以當我們在打扮的時候，除了留意襯衫有沒有皺摺、鞋子與襪子髒不髒之外，還要挑選一件可以讓「對方看了覺得非常整潔」的衣服喔。

頭髮也是一樣，要每個月上一次美容院，稍微修剪頭髮。

不過請不要去理髮院，而是要盡量去女性較多的美容院，以便拉長與女性接觸的時間，這就是成為萬人迷的第一步。

身體的衛生禮節

指甲不可以只有剪！剪完指甲之後邊角會變尖，要用指甲銼刀修整磨圓才行喔。

另外，有時指甲會起肉刺，不然就是雙手皮膚粗糙。遇到這種情況，就擦些護手霜或白色凡士林，秉持讓對方說「你的指尖好美喔」的心態善加保養，因為女性對於「指尖」會看得非常仔細。

再來是嘴巴周圍。提到留鬍子，除了帥哥、演員，以及在中東生活的人之外，其他人根本就不需要這麼做，而且我還要強力建議大家除毛。因為身為男性的我們每天鬍子不管怎麼刮，到了晚上還是會長出一些來，所以嘴巴周圍的鬍子一定要剃得光溜，這樣在舔陰時才能讓女性脫口說出「滑滑溜溜的，好舒服喔」。

再來是牙齒。表面有沒有染上顏色呢？要是有人要你「張開嘴巴讓我看」的話，你敢這麼做嗎？所以，我們最好是每兩個月就上牙科洗牙一次。

至於口臭問題，除了刷牙，還要好好「刷舌頭」。人只要一口渴，嘴巴就會變臭，所以平時就要養成嚼口香糖的習慣，「好讓嘴巴充分活動」。

另外，除了外表，大家知道「妥當的說話方式」也能帶來一股清新的感覺嗎？

說話時背挺直，不要結結巴巴，要口齒清晰地看著對方說。

許多女性非常討厭動不動就低頭、口齒不清、說話內容相當消沉……也就是態度消極的男人，就算朝氣是裝出來的也沒關係，在態度上一定要積極一點才行。

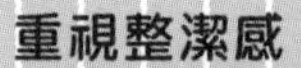

重視整潔感

有沒有整潔感不是自己說了算，是「對方決定的」。

定期修頭髮

每個月上美容院修剪頭髮一次。

略為整潔的服裝

衣服便宜無妨，乾淨就好。要把衣服當作消耗品，勤於購買替換，千萬不要嫌麻煩而懶得摺就亂堆。

乾淨的鞋子

鞋子便宜沒關係，但要當作消耗品，勤於購買替換。

修剪指甲

女性的身體非常嬌柔，所以指甲剪完之後要用指甲銼刀磨圓，免得刮疼對方。

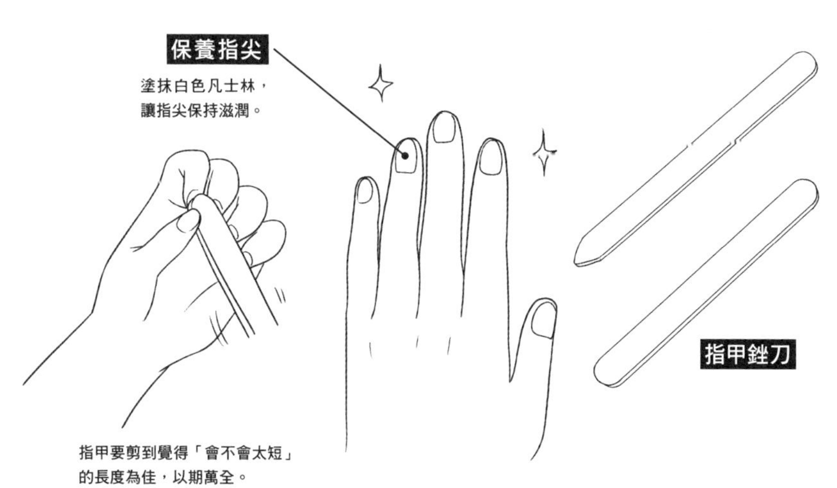

性愛前的衛生禮節
女性篇

考慮優先順序

在女性心目中，衛生禮節是有優先順序的，所以看你是要「討取對方歡心」，還是「坦誠心意相對」。

例如自己身上多餘的體毛是濃密的、刺刺的，還是光溜溜的？既然要抓住對方的心，那就要配合對方的喜好，善加處理。但若打算坦誠以對的話，那就要妥善處理，只要自己覺得被人家看到也不會覺得丟臉就好。

體臭問題也是一樣。

女性心中的衛生禮節並沒有正確答案，所以依照自己心中的優先順位決定即可。像我就喜歡觸感有點刺刺的皮膚所散發出的那股體味。

決勝內衣的是與非

對女性而言，內衣褲是身體的一部分，所以對此非常堅持的人不占少數。

既然女悅己者而容，身為男性的我們當然會春心蕩漾，但是對方穿的內衣褲要是過於華麗，甚至裝扮過頭，「慾火焚身」的強烈氣勢反而會嚇到男性。

基本上男性是一種優勢被人奪走就會失去鬥志的生物。既然如此，何不順其自然呢？

illustration：戸ヶ里憐

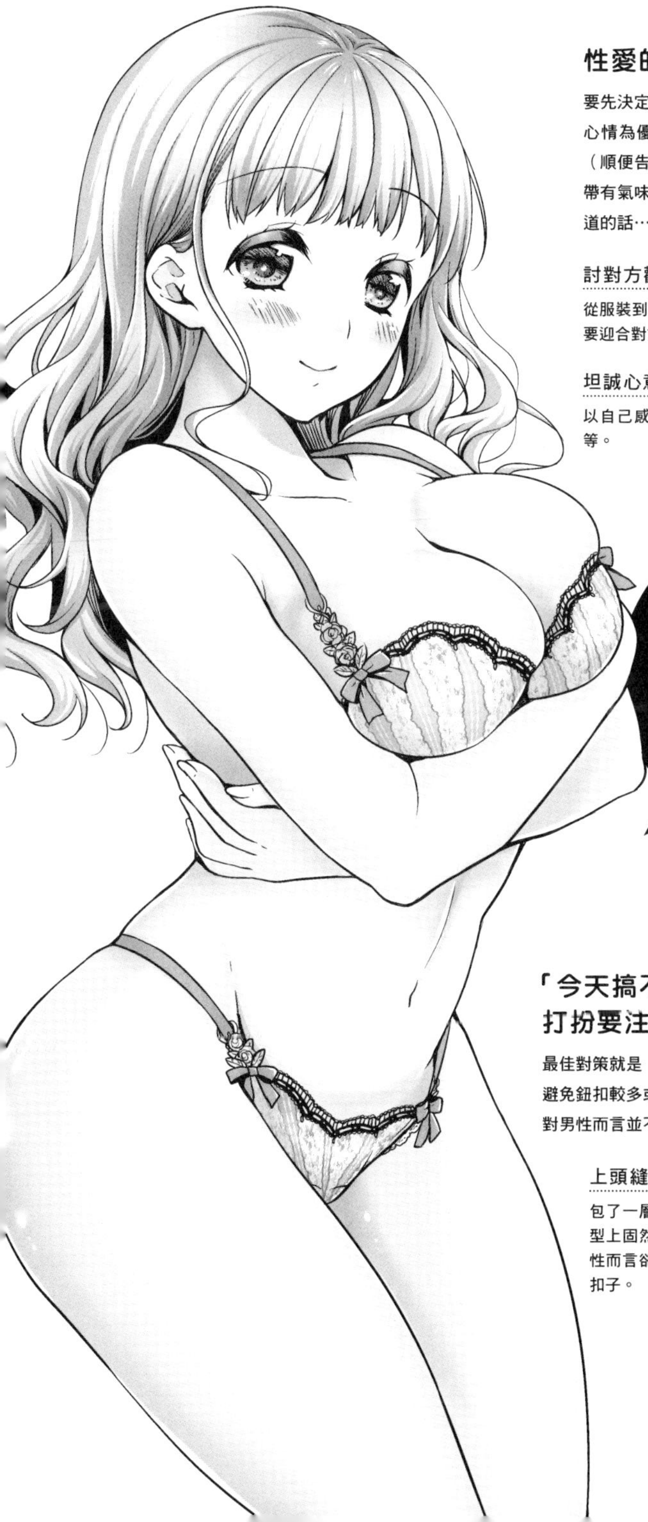

性愛的優先順序是什麼？

要先決定是要配合男性伴侶的喜好，還是以自己的心情為優先考量，因為衛生禮節是會隨之改變的（順便告訴大家我喜歡的是皮膚有點刺刺的、身上帶有氣味的女性。要是對方皮膚太過光滑又沒有味道的話……會讓我有點失望的）。

討對方歡心

從服裝到多餘體毛的處理，照理說都會毫不自覺地想要迎合對方的喜好。

坦誠心意相對

以自己感覺舒適為優先，例如私處毛髮想要剃光等等。

過度執著。其實性感貼身衣物各有喜惡

貼身衣物自然就好。要是選擇像鳳凰或孔雀羽毛那種「坦露慾火的華麗內衣」反而會讓男性冷眼旁觀。

「今天搞不好會親熱」的日子打扮要注意什麼呢？

最佳對策就是「適合自己」、「看起來可愛」。但要盡量避免鈕扣較多或者是上頭縫著包扣的衣服，因為這類衣服對男性而言並不太好 。

上頭縫有包扣的衣服

包了一層布的包扣在造型上固然可愛，但對男性而言卻是最難解開的扣子。

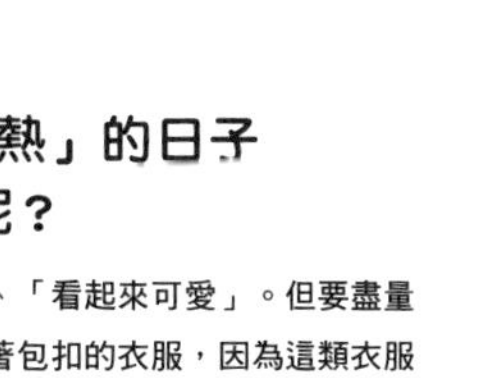

STEP.1

性愛之前的準備①

在家／在賓館

伸手可及的範圍內要亂得自然

真正的性愛是「從邀約的聯繫到畫下句點的後戲」為止。倘若我們能在伸手可及的範圍內準備一些用品的話，就能讓女性覺得自己「備受呵護」喔。

●保險套　●水　●新的毛巾
●面紙　●濕紙巾

這些用品的擺置方法要亂得自然，因為東西擺得太過整齊的男性會惹人厭，所以擺放時要掌握重點，不要太整齊。

準備時機

因地而異。但不管是在飯店、自家、對方家中、戶外、車內，還是其他地方，性愛行家都會隨時準備上述這5項物品。

如果是飯店，從在玄關接吻一直到移至床邊為止，所有物品都必須一邊親吻，一邊準備。在自家或車裡的話，那就要隨時放在床邊或車內；如果是在對方家中或者是戶外，除了新毛巾，其他東西都要事先放在自己的背包裡。

在做愛的過程當中，我認為會讓人亢奮無比的地方是玄關。因為關門之後「兩人終於可以獨處」的那一刻到來時，彼此會吻得炙熱如火。

為此，當感覺兩人已經「情慾難耐」時，那麼不妨順手將這些物品放在口袋裡，以防不時之需。

若有時間沖澡，那就在對方淋浴的這段期間為她準備好毛巾擦身體，而上述的5項用品也要一應俱全。

如果是鴛鴦浴，就算全身一絲不掛，該遮的地方還是要遮。因為讓對方一覽無遺的話反而會降低誘惑力。

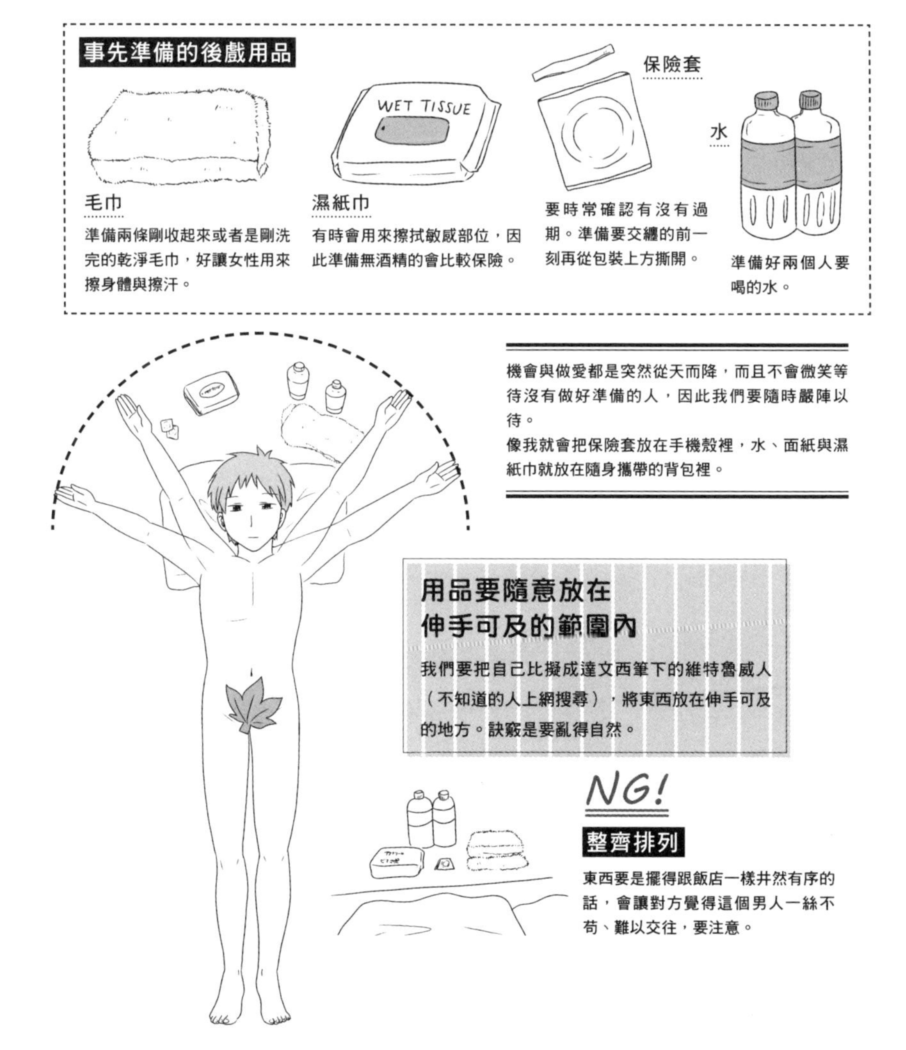

床鋪以外

多準備無妨

另外還要準備去污紙與頭髮橡皮筋。如果能夠適時攜帶這兩種東西，就能拉開與其他男人的差別，尤其是綁頭髮的橡皮筋。因為就算是長頭髮的女性，絕大多數的人都不會隨身攜帶的。

或許有人會問，這樣準備不會太誇張嗎？但是做的事若是和其他人一樣，那豈不是比凡人還不如？正因為我們做的是一般人不會想到的事，所以才會在對方心目中留下難以磨滅的印象。

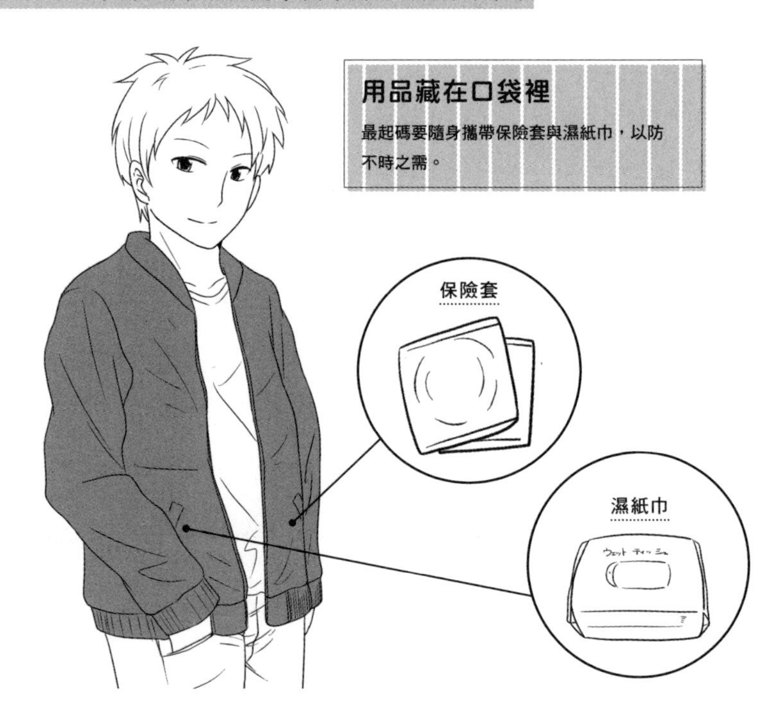

準備周全，拉大差距

若能加上下方提到的去污紙與頭髮橡皮筋
這兩樣那更好。

去污紙

攜帶式的衣物去污紙。可在
藥妝店或便利商店購得。

頭髮橡皮筋

在均一價商店買最划算。用餐時可以
若無其事地拿給對方。

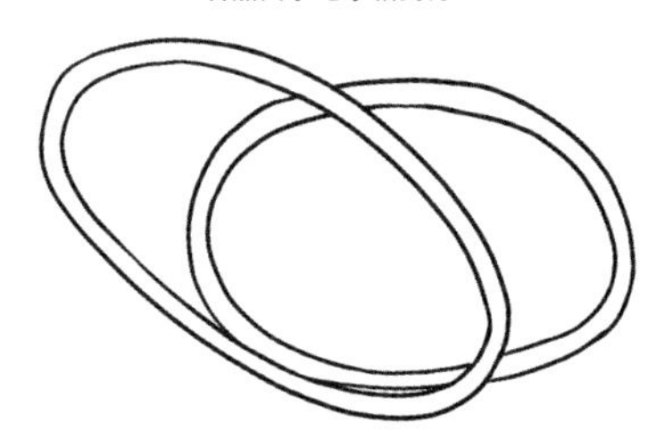

清水健式

性愛檢定 1

雖然性愛沒有所謂的正確答案，但我還是設計了一份性愛檢定。
大家可以透過這些精心設計的是非題，確認一下自己對性愛擁有多少知識。
性愛檢定②在P.88，前半部的11題答案與解說在P.142。

- [ ] Q.1
陰莖越大，做愛就越舒服。

- [ ] Q.2
女性達到高潮時會潮吹。

- [ ] Q.3
性愛越是舒爽，呻吟就越大聲。

- [ ] Q.4
戴保險套最主要的理由是「避孕」

- [ ] Q.5
每次做愛無論是否完美，都要拋諸腦後。

- [ ] Q.6
女性進入男性家中就代表能與她做愛。

- [ ] Q.7
所謂無性，指的是「在沒有任何理由的情況之下超過一個月沒有性生活」。

- [ ] Q.8
沒有性生活並不等於愛已逝。

- [ ] Q.9
想要解決無性生活，彼此就好好努力打扮，變得漂亮。

- [ ] Q.10
口交時含得越深就越舒服。

- [ ] Q.11
女性的高潮100%可以看穿。

STEP.2

前戲

增加唾液量

吻得美妙的條件

「你好會接吻喔！」、「你的吻令人頭暈目眩！」想要讓人家如此稱讚，必須具備三個條件。那就是「唾液量」、「接觸面積」與「接吻步驟」。

唾液量的重要性

提到唾液量，其實只要與睡醒時口乾舌燥地接吻、晚餐後以及聚餐時在洗手間裡接吻等情況相互比較，應該就能明白唾液的重要性了吧。

脣乾舌燥的嘴巴散發出來的氣味往往令人在意，非但無法盡情接吻，就算接了吻，感覺也會不舒服，所以接吻時務必要讓口中更加濕潤才行。

如何讓嘴巴更加濕潤

推薦的方法有二，那就是「平時多補充水分」以及「口腔多多活動」。

一天攝取的水分要盡量超過三公升，而且最好是喝白開水或者是運動飲料，因為茶與咖啡有利尿作用，要是喝了100ml，就要再補喝100ml的水才行。

另外，冷飲是性愛大敵，為了避免身體受寒，最好是喝溫度比體溫稍高的熱飲。

至於活動口腔，最有效的方法就是嚼口香糖 。萬一口乾，不妨試著用舌頭舔過牙齒（參照下方方框圖片）。重複幾次過後，嘴巴就會自然而然地分泌出唾液了。

另外，增加體內水分也可讓肌膚與嘴唇保持濕潤，如果不想用乾裂的嘴唇接吻的話，就要隨時記得保養嘴唇。

一天至少喝三公升的水

增加口腔濕潤度最有效的方法就是攝取大量水分。外出時也要勤於補充水分喔。

要喝無咖啡因的溫熱飲品

盡量避免具有利尿作用的咖啡因飲料或者是酒精類飲料，要攝取容易讓身體吸收的飲品，而且溫度要比體溫高，以免身體受寒。

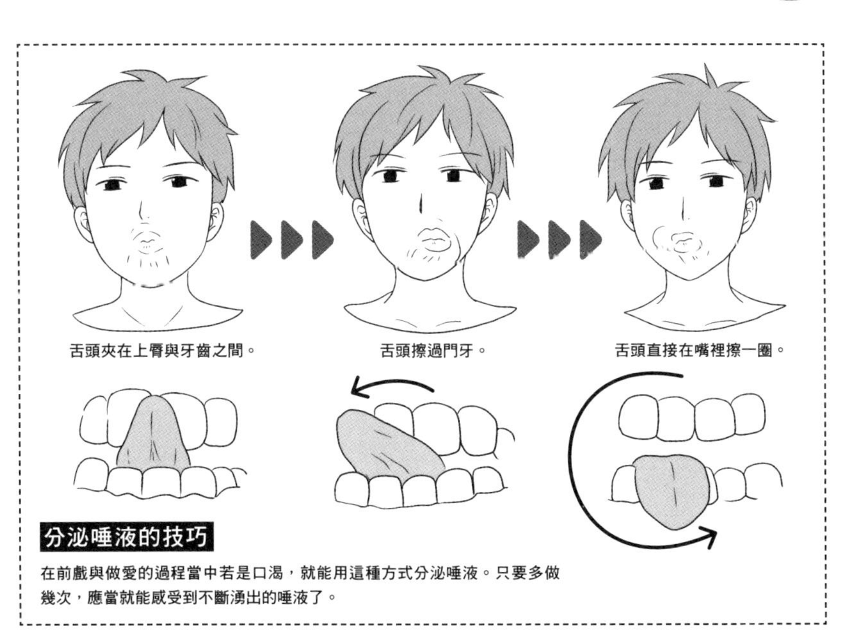

分泌唾液的技巧

在前戲與做愛的過程當中若是口渴，就能用這種方式分泌唾液。只要多做幾次，應當就能感受到不斷湧出的唾液了。

STEP.2

接吻②

增加接觸面積

接觸面積廣泛＝銷魂愉悅

所謂接觸面積，指的是對方的身體與自己的身體接觸到的面積。我認為「兩人的接觸面積越廣，感覺就會越舒適」。

當然，接吻時也可以套用這個想法。

一聽到接吻時接觸面積要大一點，大家或許摸不著頭緒。先讓我們試試下面這兩個訣竅。

脣舌放輕鬆

第一個就是嘴脣與舌頭放輕鬆，盡量保持柔軟。因為放鬆的舌頭接觸面積會比緊張僵硬的舌頭來的大。

而嘴脣容易乾燥的人，平常就要塗抹白色凡士林保濕。

頭的角度稍微錯開

接吻時兩人的頭角度要稍微錯開，好讓嘴脣的接觸面積比面對面親吻還要來的大，也比較容易施展雙舌交纏的深吻技巧。

廣泛的接觸面積 與銷魂感受成正比

兩人身體接觸的面積越多，感受就會越強烈。這是從接吻到性愛的通則。

NG!

正面接吻

雖然不反對，但是兩個人鼻子碰在一起並不好接吻，而且接觸面積也會變少。

角度稍微錯開

接吻時其中一方頭稍微傾斜的話就能增加接觸的面積，同時也比較容易深吻。

接吻步驟

先蜻蜓點水

一開始先不要深情擁吻，而是從雙唇輕碰的「啄吻」開始。

此時動作不要過大，先慢慢感受對方的唇形、觸感與溫暖。這是掌握彼此嘴唇投緣與否的重要步驟。

深吻過後，互相凝視

經過2、3次的啄吻之後，接下來就要深吻了。接吻時要一邊牢記前文提到的「唾液的分量」與「接觸面積的廣泛」，一邊掌握時間，迅速進入這個階段。

雙唇離開之後，先互相凝視，確認對方的意願。倘若眼神慵懶迷茫，就代表對方已經接受你了。

一邊愛撫，一邊深吻

確認對方意願之後，接下來兩人一邊相擁，一邊深吻。第二次之後的重點，在於要一邊愛撫對方的身體，一邊接吻。

此時不妨吸吮舌頭，或者讓舌頭熱烈交纏，增添一些變化。

接吻時要「細細體會」，而不是「激烈狂吻」。畢竟只是嘟嘴等待對方撲飛而來的親吻，與含情深吻這個階段程度相差甚遠。

只要跟著這個步驟慢慢走，並且思考下一個階段的進行方式，就能夠與對方共有一個銷魂舒爽的親吻了。

illustration：只野さとる

STEP1

蜻蜓點水的啄吻

互相輕碰嘴脣的親吻方式。感受對方嘴脣之際，順便確認兩人的雙脣是否契合。

STEP2

雙脣貼合，含情深吻

一邊留意唾液量與接觸面積，一邊交纏舌頭，盡情深吻。訣竅在於要短時間轉換親吻模式。

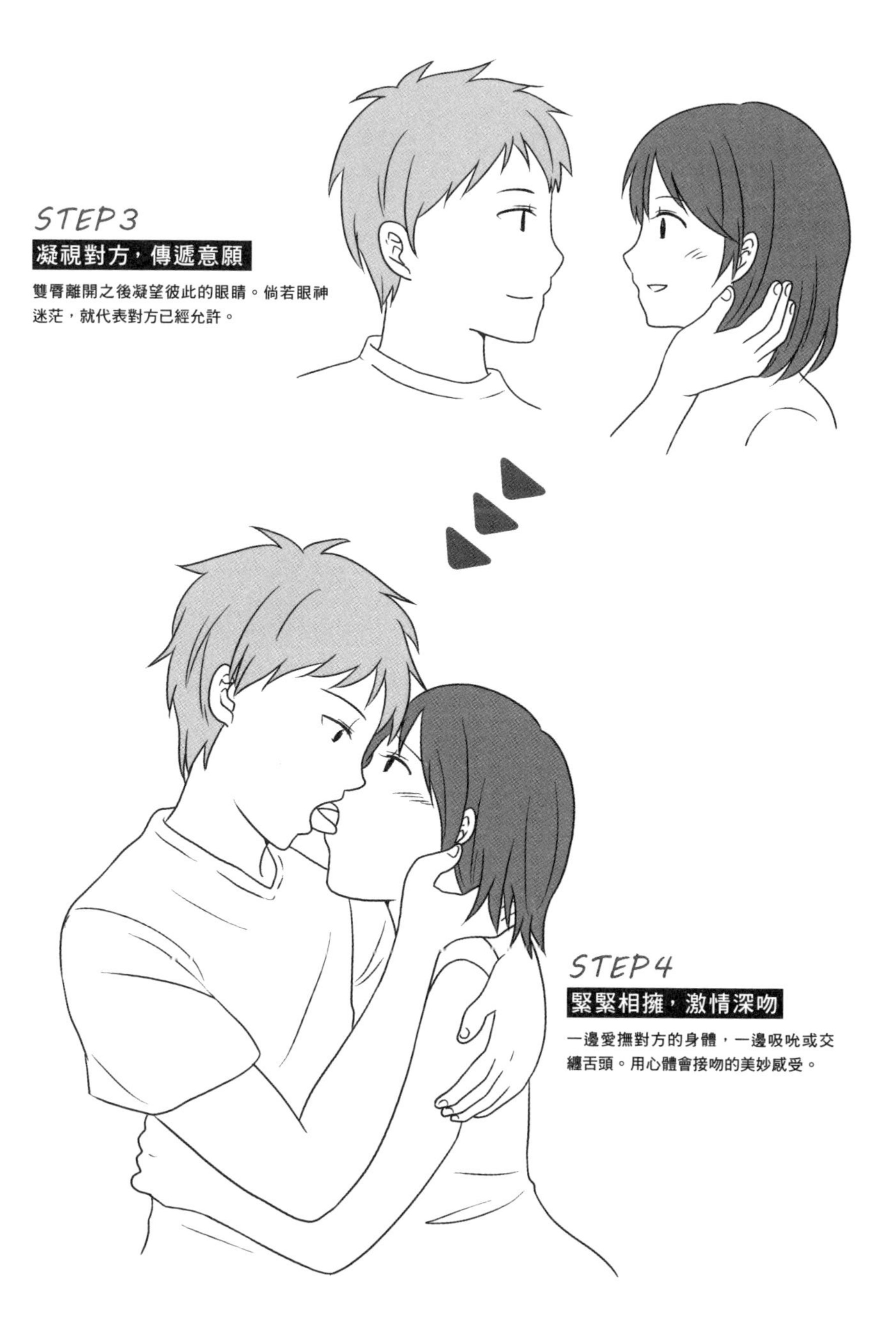

STEP 3

凝視對方，傳遞意願

雙臂離開之後凝望彼此的眼睛。倘若眼神迷茫，就代表對方已經允許。

STEP 4

緊緊相擁，激情深吻

一邊愛撫對方的身體，一邊吸吮或交纏舌頭。用心體會接吻的美妙感受。

一邊深情接吻，一邊寬衣解帶

避開尷尬的空檔時間

為女性寬衣解帶的最佳時機就是親吻的時候。

兩人一旦為了褪去衣物而暫時分開，反而會多出一段尷尬又掃興的空檔時間，因此要一邊接吻，一邊脫衣，並且慢慢進入前戲，千萬不要讓空檔時間有機可趁。

無法親吻就輕撫身體

若是有扣子或拉鍊的衣服，就一邊解開一邊接吻。但如果是T恤或針織衫等套頭的衣服，在脫衣的這段時間內也要盡量輕撫對方的身體。

勿忘一顆體貼的心

幫對方寬衣解帶時動作會不會太粗魯？對女性來說，內衣褲是身體的一部分，而且說不定是考慮到做愛而特地為你挑選的漂亮內衣。

此時不妨在耳邊輕聲對她說：「好可愛的內衣喔！」相信女性聽到這句話之後表情一定會變得更溫柔嫵媚。

而另外一點，就是「一邊接吻」或者是「含情默默看著女性」褪下的衣物或內衣褲要隨手摺好，放在不會影響到兩人的地方。能做到這種地步的人，堪稱高人一等的性愛好手。激情過後若是看到有人把自己的衣服摺得如此整齊，對方一定會非常開心，認為你是一位「溫柔體貼的人」，搞不好還會覺得「如果是他，說不定可以考慮再見面」呢。

一邊深情接吻，一邊寬衣解帶

兩人身體一旦離開，反而會多出一段尷尬的空檔時間，因此要一邊接吻一邊脫衣，帶著燃燒的情慾進入前戲。

如果是套頭類的衣服 就輕撫身體的其他部位

無法親吻的話，就在對方脫衣的時候撫摸身體。

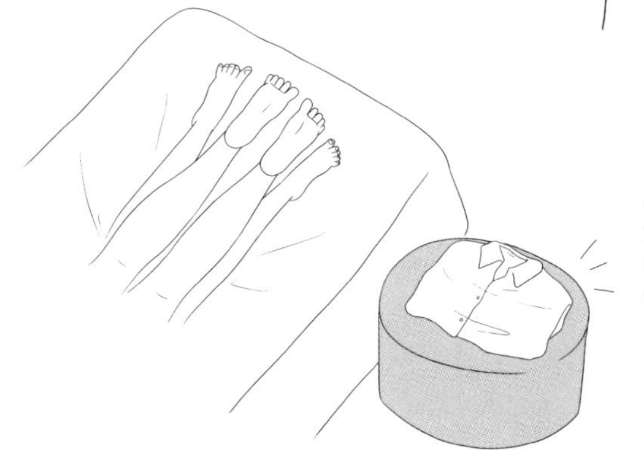

衣服也是女性身體的一部分！

脫下來的衣服要隨手摺好放在旁邊。能做到這種地步的人堪稱性愛好手。

女性的敏感部位

敏感部位、容易高潮的部位

女性得到快感的部位因人而異，但就我的經驗而言，最具代表性的是下列這十個部位。

●敏感部位

嘴唇 ／ 耳朵 ／ 頸部 ／ 背部 ／ 鼠蹊部 ／ 肛門

●容易高潮的部位

乳頭 ／ 陰蒂 ／ G點 ／ 子宮頸

自己觸摸身體，探索敏感部位

女性自己平常也要探索／掌握讓自己感覺舒適的部位，這樣在愛撫還有做愛的時候才能得到快感。想要擁有一場歡愉的性愛，關鍵在於擁有一顆「探索的心」。

別人要怎麼做才能讓自己興奮？那麼對方呢？一無所知的話，銷魂深入的性愛之門可是會打不開的喔。

因此，我們要親自觸摸身體的每一寸肌膚，好好確認「觸碰哪邊會覺得舒爽」、「容易得到高潮的部位又是哪裡」吧！

不可任由對方擺佈！

接下來要談談愛撫。就算是得到別人愛撫，女性也不可就此任由對方擺佈。因為有太多感受不到快感、無法得到高潮的女性只知坐享其成，吝於付出。

「這裡很舒服」、「我想要你這麼做」坦誠以對，絕不丟臉。若是難以啟齒，那就不經意地拉起男性的手，帶領他撫摸也可以。

男性也是一樣。在愛撫的這段期間只知閉上雙眼、沉溺於快樂之中的人，其實是一個不合格性伴侶。一定要適時地輕撫與舔舐對方的身體才行喔。

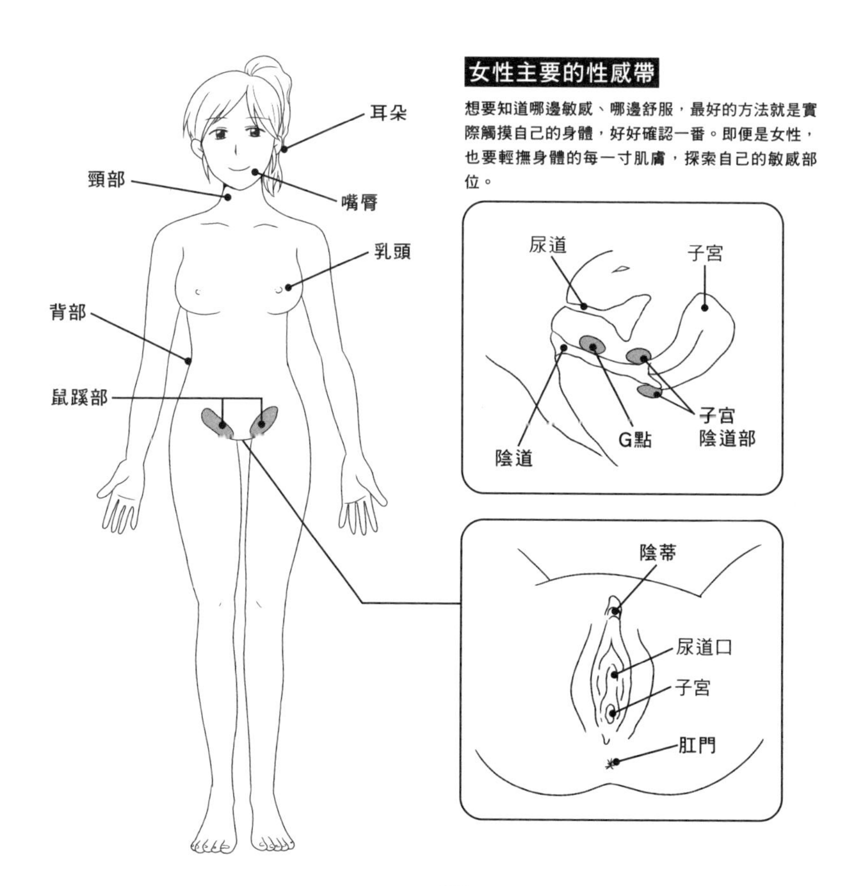

女性主要的性感帶

想要知道哪邊敏感、哪邊舒服，最好的方法就是實際觸摸自己的身體，好好確認一番。即便是女性，也要輕撫身體的每一寸肌膚，探索自己的敏感部位。

STEP.2

愛撫②

縱向愛撫身體

為何要縱向撫摸？

愛撫的基本原則，就是「與身體曲線平行撫摸／舔舐」。

人體的主要神經幾乎都是縱向分布，所以只要沿著神經愛撫，感覺自然就會變得舒爽。

大家可以自行縱向、橫向觸摸身體看看。感覺是不是顯然不同呢？

撫摸舔舐時，方向要縱向平行

除了愛撫，舔舐乳頭或陰蒂時舌尖若能縱向遊走，一定能為女性帶來快感。以手愛撫的時候也是一樣（陰蒂的話因為形狀與成長方向的關係，橫著彈舔會比較方便，但兩種方位皆可）。我曾對不少女性試過直舔與橫舔，但絕大多數的女性都說「直舔感覺比較舒服」。

時而橫舔，增加變化

話雖如此，從頭到尾都是縱向愛撫的話，有可能會讓女性覺得越來越乏味。

因此我們可以偶爾橫舔，為愛撫增添一些變化。

但當女性快要達到高潮時，嚴禁在動作上多做變化，要繼續維持這個單純的動作！

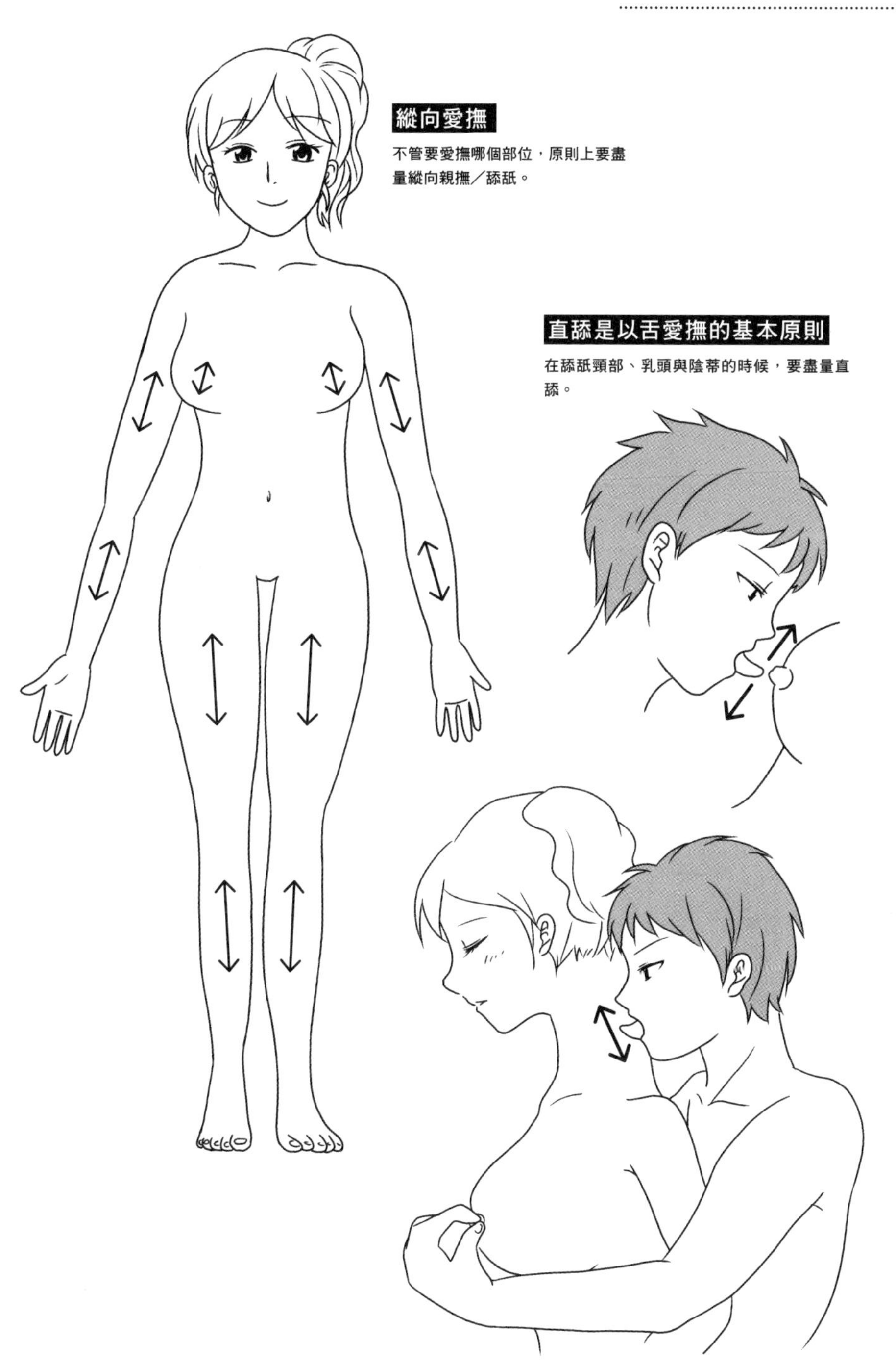

縱向愛撫

不管要愛撫哪個部位，原則上要盡量縱向親撫／舔舐。

直舔是以舌愛撫的基本原則

在舔舐頸部、乳頭與陰蒂的時候，要盡量直舔。

愛撫③

利用五感，「掌握重點」

插頭與插座

跟朋友出去玩，或者是看到公司同事與主管時，是不是偶爾會覺得「那個人現在好像心情很不好」呢？就算對方沒有說出來，我們還是可以隱隱察覺或者是明白那個人的心情。而在愛撫還有做愛的時候，察言觀色也是非常重要的。

我覺得做愛的時候這種感覺就好比「出國旅遊一起帶出門的轉接頭」。

俗語說得好，入境隨俗，不過這裡所說的，並不是指要遵守那個國家的規則，而是在性愛這方面男性必須配合女性（除非女性的認知顯然有誤）。

這種情況就好比「怎麼會有人要求用這種體位做愛」，只要自己配合對方的規則交纏，定能讓對方的心宛如電流通過般舒適酥麻。

所以說，那些觀念墨守成規，覺得「要這樣做才會舒服」的人，其實是硬把插頭插進不同形狀的插座裡。

順便告訴大家，女性喜不喜歡做愛，關鍵100％都是在男性身上。而喜歡與討厭的分界點，就是「插頭與插座的契合方式」＝「能不能擁有一場天雷勾動地火的性愛」。

善用五感

因此，我們絕對不可過於依賴視覺，一定要善加利用觸覺、視覺、聽覺、嗅覺與味覺這五感，這樣才能與對方水乳交融，完美契合。

觸覺的話，握著對方雙手時感覺是否舒適？是否會想要一直握著她的手呢？

觸摸的時候身體是否冰冷？女性若有感覺，身體就會越來越熱。倘若對方身體會冷，那就事先泡個熱水澡、讓房間暖和一點；為她按摩，或者是喝些熱飲、稍微動動身體等等，事前為這場激情做好準備。

嗅覺的話，興奮時腋下與胯下是否散發出一股令人迷惑的氣味呢？嘴巴有沒有一股口乾舌燥的異味呢？畢竟人一緊張就會口渴。但在這段期間只要越來越興奮，唾液就會變黏，口臭問題也會跟著舒緩。因此接吻時唾液若是水水的，就代表身體還沒進入興奮狀態。

微閉雙眼，集中精神

老是依賴視覺而難以點燃慾火時，不妨稍微閉上眼睛，這樣就能有效觸動情慾。格鬥漫畫常常出現「用肉眼是看不到對方出拳的，要用心眼來看」，此言確實不假。黑暗之中若是有人揮來一拳，我們就會受到肉眼所見影響而無以閃避。但是若用心眼來看的話，就能順利避開一擊。這樣的方法，也可套用在愛撫與性愛上。

「閉眼感受的方法多少能夠想像，可是味覺呢？」或許你會這麼納悶。其實從陰道散發的氣味可以判斷出女性的興奮程度。平常陰道內側會保持酸性，以阻擋細菌入侵，但是這麼做反而會連精子也一起殺死。因此女性興奮的時候前庭大腺會分泌出液體（也就是所謂的愛液），中和陰道的酸鹼度，好讓精子存活，而且氣味也會跟著消除，或者是變成鹹鹹甜甜的味道。

因此，舔陰時只要覺得味道酸酸的，就有可能是女性尚未進入興奮狀態，或者是身體還沒點燃情慾。

就讓我們利用這些方法，提醒自己要「勾動地火」，多加累積一些經驗吧。不管對方是什麼樣的人，只要能夠「點燃慾火」，人生就會因為深得女性青睞而綻放光彩。記得，關鍵在於察言觀色與累積經驗。

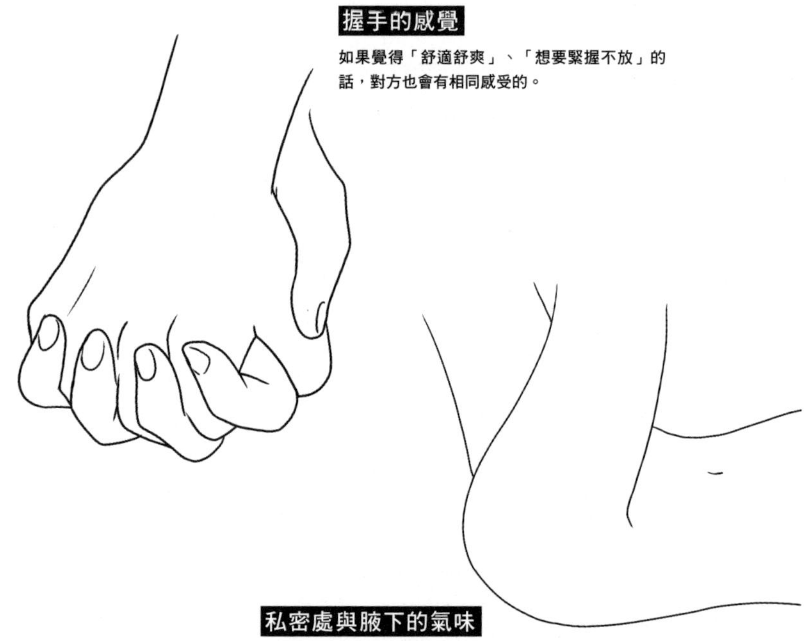

握手的感覺

如果覺得「舒適舒爽」、「想要緊握不放」的話，對方也會有相同感受的。

私密處與腋下的氣味

興奮的時候體溫會上升，此時會散發出一股人體特有的體香。所以女性脫下貼身衣物時若是沒有散發出體香，就代表她尚未進入興奮狀態。

注意點：每個人情況各有不同，加上對方若是尚未興奮，但前戲時間又過於冗長的話，反而會讓女性感到疲憊或者是失去注意力。要是不慎讓女性感到疼痛，事情反而會本末倒置。在這種情況之下 不妨適時而退，「與對方心意相通」即可。因此，不管情況是好是壞，掌握對方心中想法才是真正的性愛。

---

illustration：ありまなつぼん

仔細觀察對方的反應，善用五感，順其自然地與對方心意相通。要一邊察言觀色一邊累積經驗，這才是掌握性愛的最佳捷徑。

挑逗之處，多管齊下

集中挑逗無妨，但勿雙手閒置

接下來要告訴大家愛撫各個部位的技巧。但在進入正題之前要先問大家一個問題。

舔舐乳頭的時候大家的手都放在哪裡呢？是不是一直掛在乳房上呢？

一點集中型的前戲只能用在「初次性體驗」或者「同時挑逗多處會導致意識散漫」的時候。基本上我們要同時多管齊下，「單純」挑逗敏感部位。

既然這個時候雙手閒閒沒事，立志要當個性愛好手的你，就盡量把「派得上用場的東西全都運用在歡愉享樂之上」吧！

強調「單純」，是因為動作過多的話會脫離重心，這樣反而會精神渙散，無法集中。

挑逗之處，循序漸增

愛撫時我會盡量同時挑逗至少三處。例如一邊舔舐乳頭，一邊用右手輕撫背部、用左手輕觸陰蒂，也就是讓雙手、嘴巴與舌頭統統上陣，如果能再加上雙腳與陰莖的話那就更完美了（腳可以用來磨蹭 。另外還有聲音→利用語言調情或者是藉由眼神勾引，這些都可雙管齊下）。

話雖如此，但也不需要一口氣就把門檻拉得這麼高。剛開始先從兩處下手，習慣之後再慢慢增加挑逗部位。

只要做到「靈活驅使五感，兩人心意相通」就算及格。

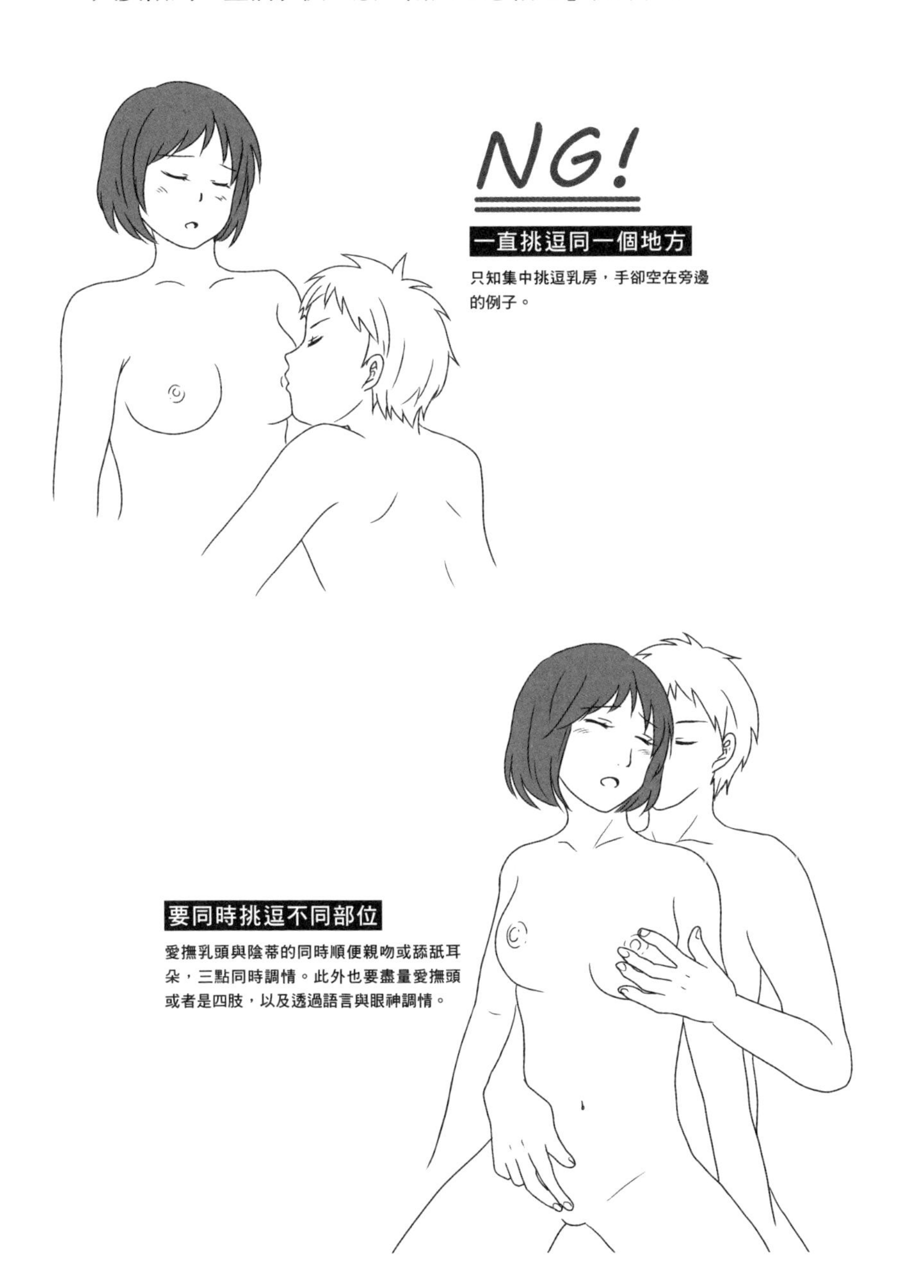

愛撫耳朵與頸部

愛撫的重點

耳朵與頸部堪稱女性的隱密性感帶。我把女性禁不起調情、極為敏感的耳朵暱稱為「耳感帶」，頸部稱為「頸感帶」。

耳朵在愛撫的時候絕對不可貿然伸舌舔耳，必須按部就班慢慢來。而效果最好的動作，就是用手指輕撫而過，或者在耳邊低聲呢喃，一邊觀察對方的反應，一邊改以用舌舔撫。

愛撫頸部時接觸面積要大一點，盡量縱向舔舐。

這兩個部位都要仔細觀察對方的反應，盡量確認對方的情慾是否已經點燃火苗。

而移轉至下一個步驟的愛撫時，先用手將因為唾液而感覺有點冰涼的部位擦拭乾淨，盡量不要留下氣味，這也是性愛行家應有的體貼之處。

所謂善始善終，既然是性愛行家，就不要留下任何氣味。

男性的耳朵與頸部也是敏感帶

前幾天有位女性友人問我：「男性的耳感帶與頸感帶愛撫也會有反應嗎？」

不管是男性還是女性，挑逗耳朵與頸部時若是覺得「搔癢」，就代表對方不是「慾火還沒點燃」，就是「性感之地尚未得到開拓」。

只要郎有情妾有意、敏感之地已開拓，不管是誰，耳朵與頸部都能成為性感帶。反過來看，那些覺得「搔癢」的部位，如果能夠在性致揚起時一併挑逗，就能夠與性慾綑綁在一起，深入開發。

剛從事男優工作的時候，我為了開發乳頭這個敏感部位，在快要達到高潮的前一刻都會要求對方觸摸我的乳頭。自此之後，乳頭便成了我達到高潮的觸發點。

所以說，大家一定要試著挑逗耳感帶與頸感帶。

如何輕撫乳房

摸清狀況最重要

女性乳房的感受方式會隨著快感神經的發達情況、心情與身體狀況而大有不同。

生理來潮前乳腺會因為女性荷爾蒙的影響而增生，導致乳房腫脹，有時甚至會感到「疼痛」。另外，在情慾高漲之前愛撫的話，有時也會感到「搔癢無比」。

因此，我們要適時掌握各種狀況，這才是重點。

效果極佳的愛撫法

與其突然一手掌握，從周圍「緩緩游移～」，慢慢觸摸挑逗反而比較容易讓女性感到興奮。所以當我們在撫摸乳房時，盡量不要直接觸摸乳頭這個核心部位，而是要用指腹似有若無地在感覺遲鈍的乳房上游移，之後再緩緩地集中至乳頭。

再來是我相當納悶，甚至質疑「真的會有人這樣嗎？」的一種情況，那就是乳房的G點「Spence乳腺」。就連AV片也經常出現「Spence的乳腺尾部片」，是吧？

其所指的是從乳房下方傾斜延伸到腋下的乳腺，據說只要一邊刺激這個部位一邊愛撫乳房或乳頭，女性就會變得更加敏感，因此最近頗受世人矚目。

「Spence乳腺」是否真的存在雖然不得而知，但是就我的經驗而言，只要將手貼放在這個部位愛撫，「女性就會變得非常敏感」是「真有其事」。

根據我的經驗，只要按壓這個部位，讓乳房內部的壓力增加，乳頭就會「硬挺地」豎立在乳暈上。或許是這個原因，施展的手部壓力會非常容易觸動到感覺神經。這就是所謂的「帕斯卡定理（Pascal's Theorem）」。

總而言之，一邊按壓Spence乳腺一邊愛撫的話，整個人就會變得更加敏感是千真萬確的事。至於按壓的力道就如同之前所說的，必須根據女性的身體狀況、乳房的腫脹程度以及在性這方面的開發程度，並且「仔細觀察對方的表情」來調整強弱。這也是插頭與插座的其中一環。

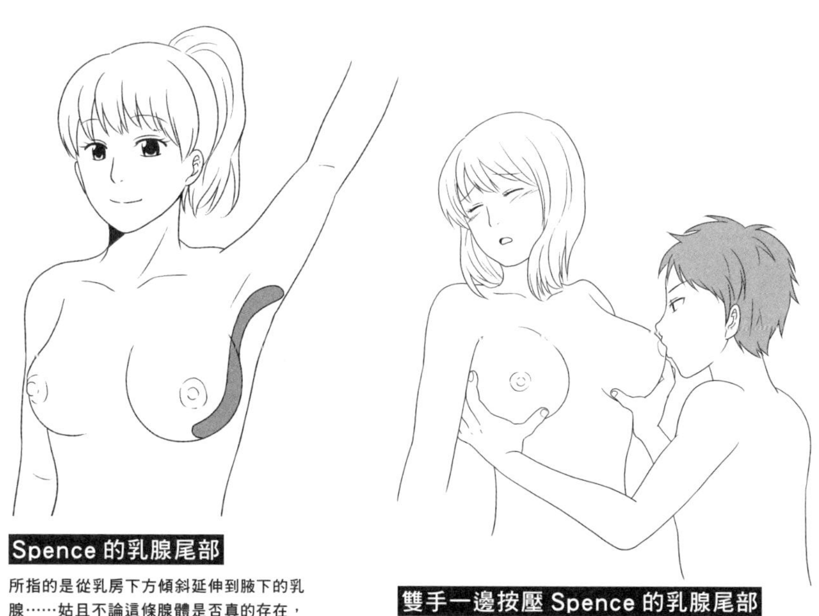

Spence的乳腺尾部

所指的是從乳房下方傾斜延伸到腋下的乳腺……姑且不論這條腺體是否真的存在，但是按壓此處愛撫時敏感度會增加卻是不可否認的事實。

雙手一邊按壓Spence的乳腺尾部
一邊吸吮或舔舐乳頭

一邊按壓Spence的乳腺尾部一邊愛撫。但要仔細觀察對方的身體狀況以及乳房的腫脹程度，進而調整按壓的力道。

如何觸摸乳頭

觀察對方狀況，調整觸摸強度

乳頭是一個佈滿快感神經、相當敏感的部位。

但是反過來講，這也是一個與乳房一樣容易受生理週期以及荷爾蒙均衡與否影響、頗為嬌弱的部位。因此觸摸時的力道強弱必須一邊觀察對方的反應，一邊臨機應變、適時調整才行。

若對自己的判斷感到不安，不妨輕聲問問對方「會不會痛」、「會不會太大力」。

配合姿勢，輕觸乳頭

乳頭的觸摸方式要隨著自己的姿勢調整。

從正面觸摸的話，大拇指與食指要捏著乳頭輕輕揉捏，或者是微微拉扯。

如果是站在背後，則要掌握用無名指挑起乳頭的方式愛撫。

一邊舔陰一邊觸摸乳頭的話，那就微微握拳，用大拇指與食指的側面捏著乳頭，輕輕搓揉。

這個方式在後述的「SHIMI舔陰技巧」（P.72）也能派上用場，就請大家牢記在龜頭的角落裡吧。

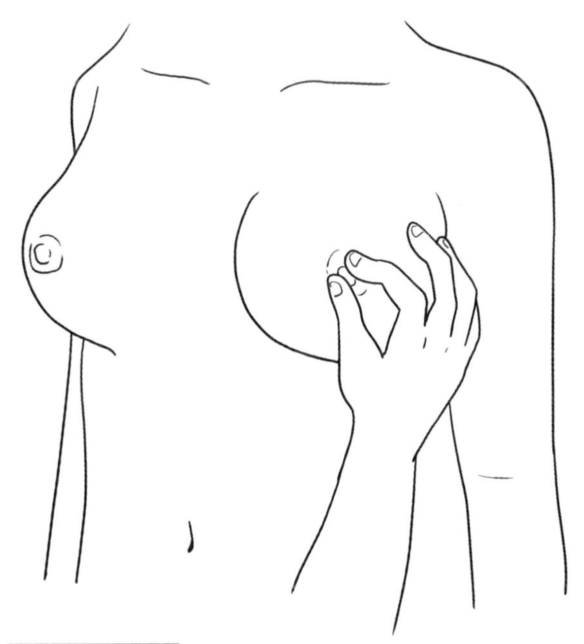

從正面觸摸的話

利用大拇指與食指的指腹揉捏或輕拉乳頭，並且觀察對方的反應調整強弱。

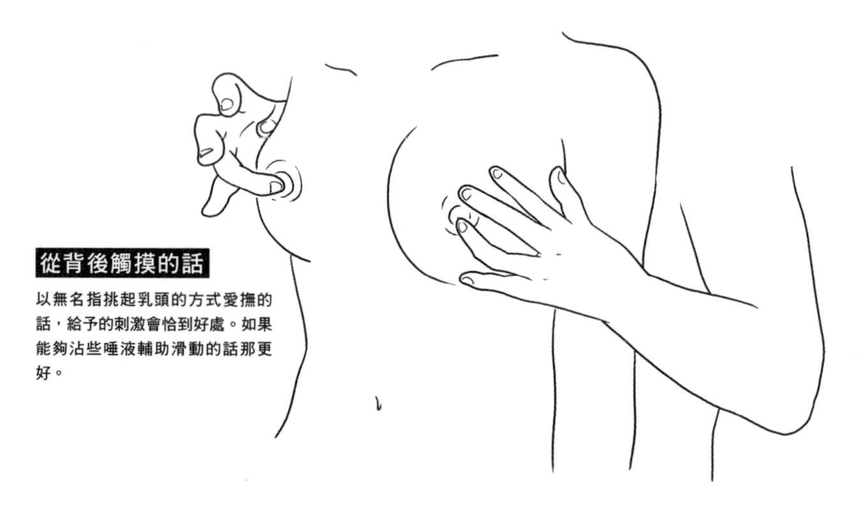

從背後觸摸的話

以無名指挑起乳頭的方式愛撫的話，給予的刺激會恰到好處。如果能夠沾些唾液輔助滑動的話那更好。

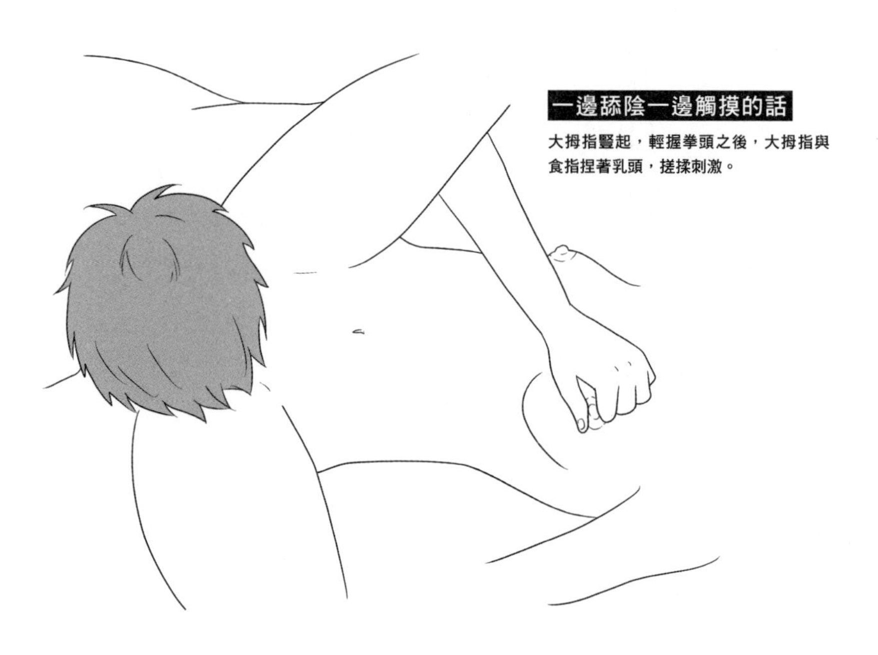

一邊舔陰一邊觸摸的話

大拇指豎起，輕握拳頭之後，大拇指與食指捏著乳頭，搓揉刺激。

illustration：戸ヶ里憐

愛撫⑧

如何舔舐乳頭

直舔是原則

舔舐乳頭時要利用整個舌頭（增加接觸面積），由下往上舔過去之後，接著雙手一邊貼放在「Spence的乳腺尾部」上，一邊用舌尖上下彈舔。

原則上要直舔，不過中途可以稍加變化，例如輕輕啄咬，或者是一邊吸吮乳頭，一邊用舌頭彈舔。

另外，舔的速度絕對不可以像猥瑣岡田那樣快速，因為這樣根本就不舒服。猥瑣岡田那種吐舌方式是為了表演，基本上當我們實際在舔舐乳頭的時候，要慢慢地、充滿滋潤感，宛如細細品嚐般緩緩舔過才行。

不僅如此，唾液量也要和接吻一樣先增加備用。只要嘴巴與舌頭夠滋潤，讓乳頭變得滑溜，這樣感覺就會更加舒爽舒適。

判斷「慣舔的乳頭」

舔舐乳頭時只要仔細觀察女性的反應，應當就能看出左右兩邊的乳頭哪一邊反應比較好。

我們的手有慣用的手，而乳房也有「慣舔的乳頭」。幾乎所有女性都會有其中一邊的乳頭比另外一邊還要敏感的慣舔乳頭。只要能夠充分掌握女性的慣舔乳頭，無論是前戲還是做愛，愛撫的時候都能夠充分展現效果喔。

若是無法從反應判斷的話，不妨直接問對方「哪一邊的乳頭比較敏感呢？」、「要怎麼摸才會比較舒服呢？這裡跟這裡嗎」。

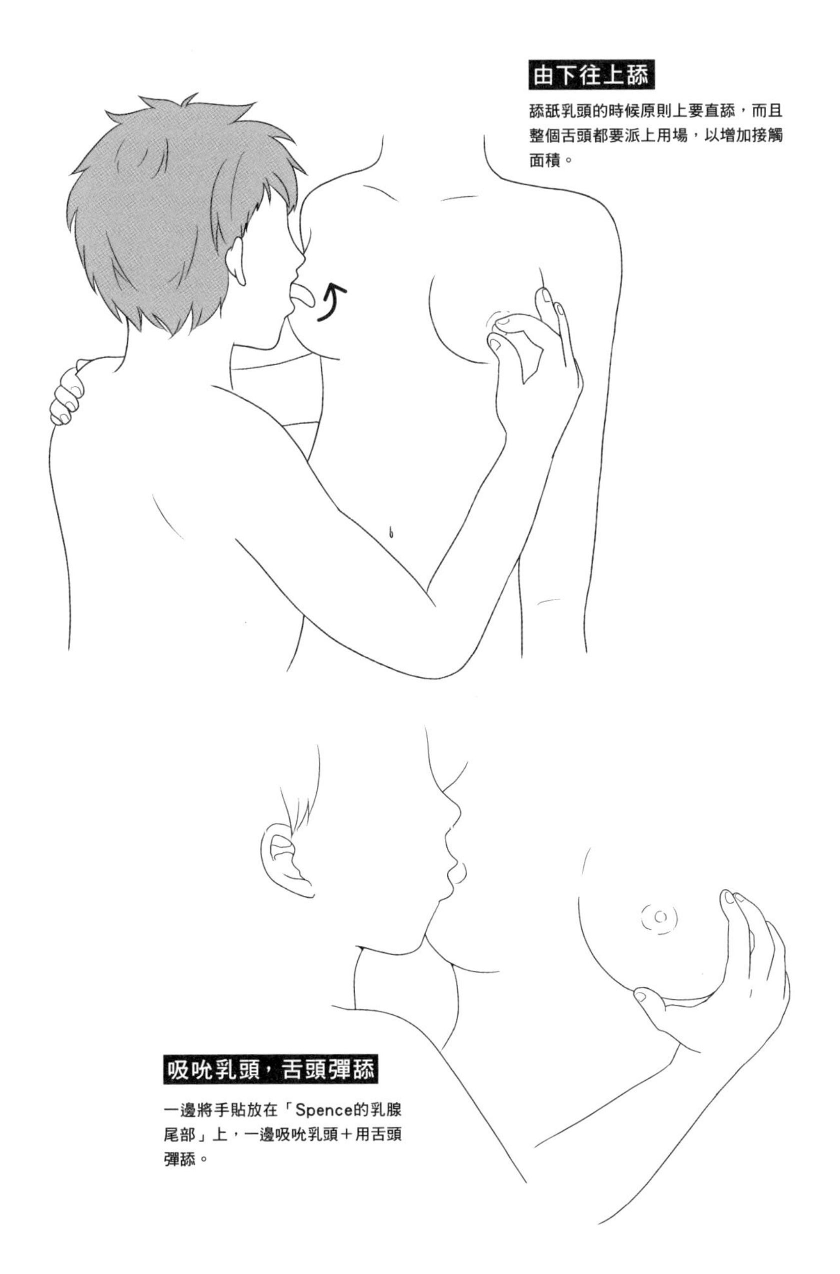

由下往上舔

舔舐乳頭的時候原則上要直舔，而且整個舌頭都要派上用場，以增加接觸面積。

吸吮乳頭，舌頭彈舔

一邊將手貼放在「Spence的乳腺尾部」上，一邊吸吮乳頭＋用舌頭彈舔。

愛撫⑨

如何撫摸陰蒂

女性最容易達到高潮的性感帶

陰蒂相當於男性的龜頭，是人體當中唯一為了得到快感而存在的部位。既然有一個專門感受快感的部位，不用豈不可惜？

加上不少女性反應她們「陰蒂最敏感」、「只有陰蒂才能得到高潮」，故在性愛這方面，不，應該說在謳歌人生時，絕對不能少了陰蒂這個關鍵點。

利用指腹，溫柔又規律地撫摸

話雖如此，貿然針對這個部位拚命調情又顯得平淡無奇。因此我們一開始可以先輕撫或舔舐大陰脣或陰阜這個部位，也就是從周圍開始挑逗，進而點燃陰蒂這個部位的慾火。

「要舔多久才可以？」、「不知道要舔到什麼時候」心中會有如此疑惑，或者不知該挑逗多久的話，就代表這場性愛尚未（配合之前的插頭與插座關係）連上神經。在這種情況之下要利用五感，善加觀察對方的表情與呻吟的聲調。

陰蒂大小與敏感程度因人而異，故在觸摸時必須一邊觀察對方的反應，一邊微幅調整。

基本的調情方式有「從包皮上方上下左右輕撫」或者是「撥開包皮上下左右輕撫」。不管是哪一種方式，都要用指腹溫柔撫摸。至於力道，最常聽到的方法就是「將軟膏塗抹在腫起的痘痘上」這個強度。

順帶一提的是，陰蒂越大的女性情慾通常會比較強烈，因為陰蒂的大小往往與男性荷爾蒙分泌的量成正比。至於大與一般的分界線……差不多是5公釐吧。以氣候現象來講，相當於「冰雹與冰霰」的差別。

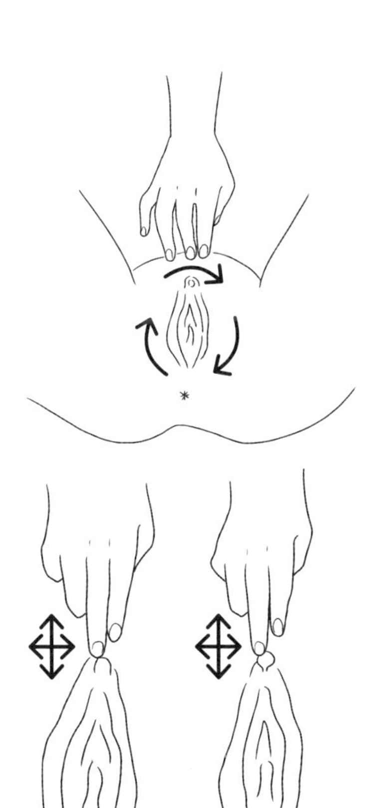

從包皮上方　　撥開包皮

如何觸摸陰蒂

從包皮上方或者是將包皮撥開之後，用指腹上下左右輕撫。陰蒂的大小與敏感程度個人差異甚大，因此要觀察對方的反應，適時調整觸摸的方式與力道。

從陰蒂周圍開始愛撫挑逗

利用指腹愛撫陰阜與大陰脣。亦可在陰蒂周圍舔舐、挑逗。

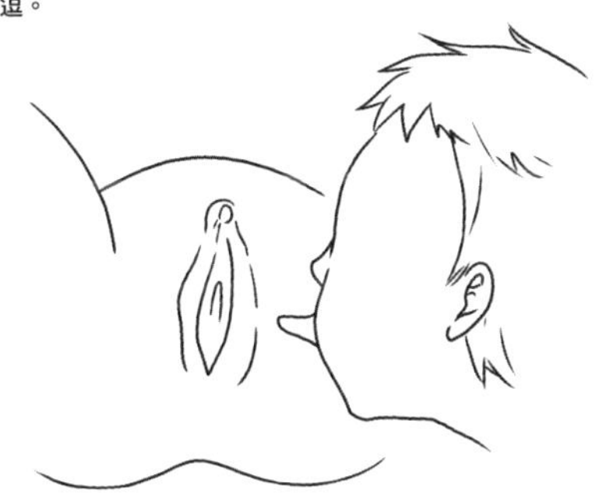

CHECK!

女性陰蒂越大就越好色？

女性陰蒂的平均尺寸約3公釐，超過5公釐的話情慾就有可能越強烈。倘若對方的陰蒂尺寸頗大，不妨試著積極挑逗這個部位。

不管是被勾引者還是調情者都要「一筆直下」

「任由擺佈」只會掃「性」

享受愛撫的時候，有很多人往往會因為過於舒爽而任由對方上下其手，導致最後宛如一條用一根魚竿釣上岸的鮪魚那樣，「只會躺在床上動也不動」。

躺著不動任由對方愛撫固然舒服，但是既然有方法讓自己更加亢奮……就此錯過豈不可惜？

告訴大家，那個好方法就是「一筆直下」。

接觸越多，就越亢奮

什麼是所謂的「一筆直下」呢？以口交為例，男性若是躺著不動，手腳就會遠離對方的身體。不過這時候可以抓住對方的手臂，讓自己的手與對方的手連成一線，畫成圖片之後，就會向是一幅可用毛筆一筆直下的畫。

而展現一筆直下的姿勢時，兩人的神經會因此而相連。

倘若自己的雙腳能夠貼放在對方腳上，就會變成手臂貼手臂、雙腳貼雙腳的姿勢。而所謂的一筆直下，說的就是這種姿勢。

換成男性愛撫女性的時候也是一樣，女性可以觸碰對方的雙手，或者是撫摸對方的頭髮、肩膀與雙腳，這樣也能夠呈現「一筆直下的姿勢」。

插入時情況亦然，只是這時候女性往往會抓住床單或者是枕頭，使得兩人無法呈一直線。此時盡量抓住對方身上的某個部位吧！只要這麼做，舒爽的程度絕對會驚為天人。不信的話大家可以試試看，我敢保證這麼做絕對會讓感受煥然一新！

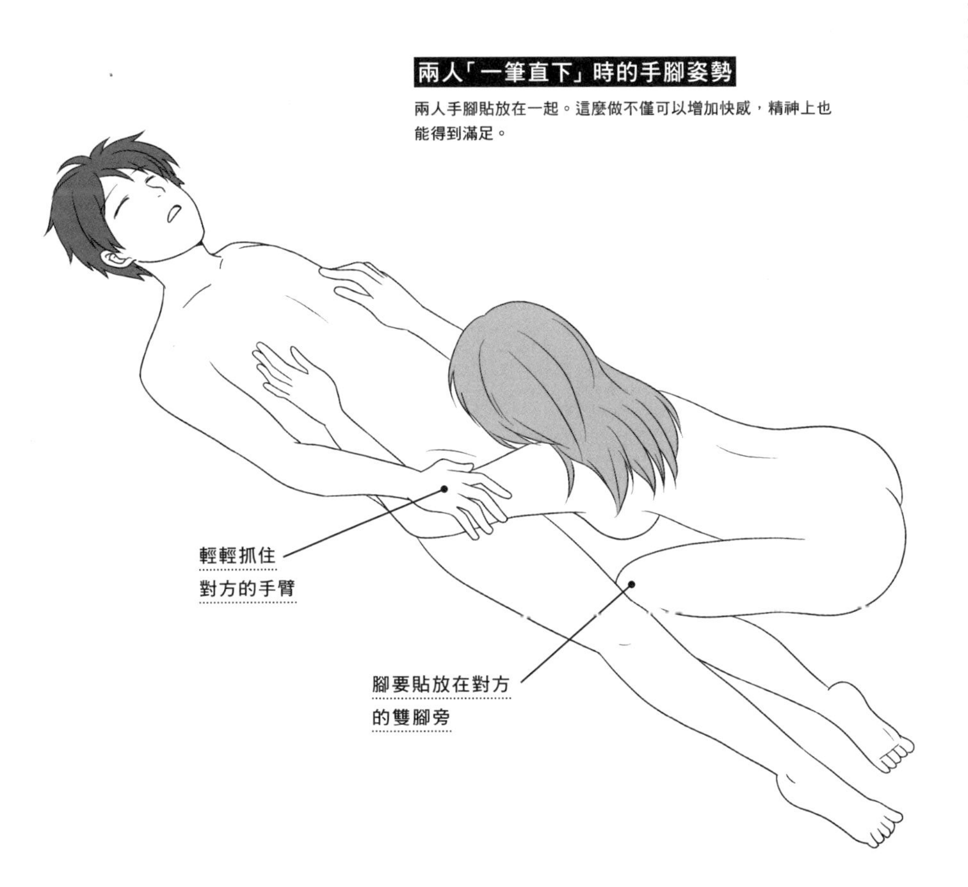

NG!

手腳遠離對方的身體

手腳呈大字攤，躺著不動。站在女性的角度來看，這樣口交的時候會有點孤單寂寞。

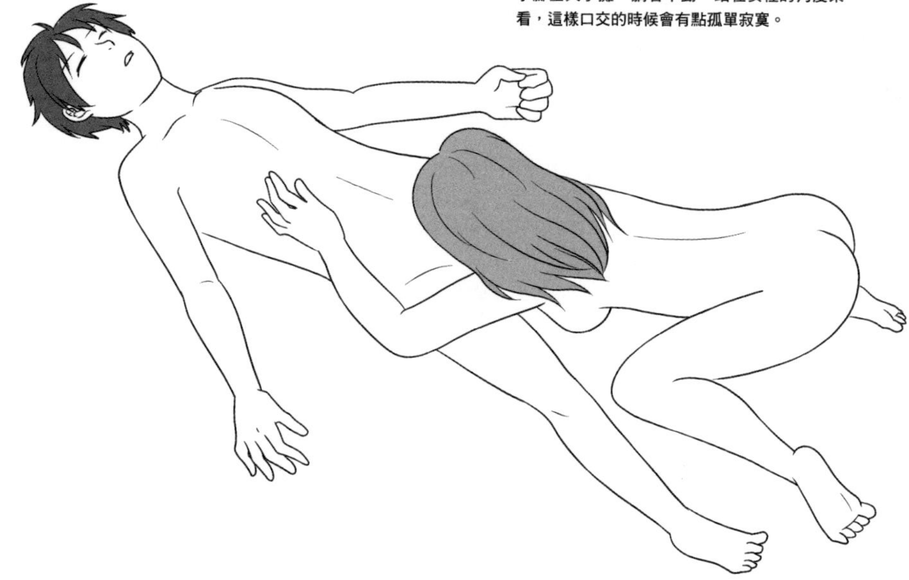

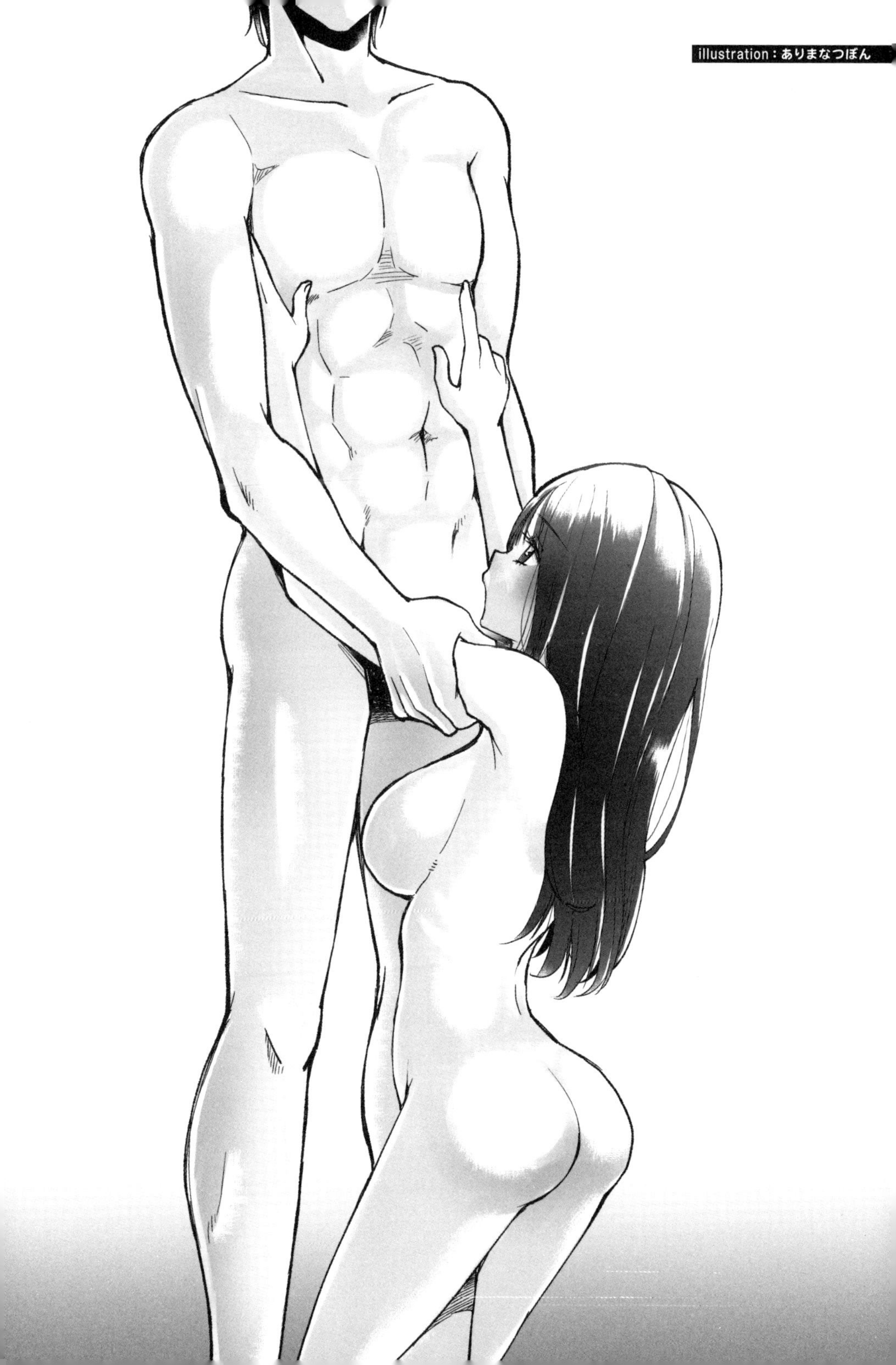
illustration：ありまなつぽん

舔陰的事前準備

舔陰的衛生禮節

因為舔舐的是女性最嬌嫩的部位，所以身為男性的我們也要做好準備，展現處紳士風度。第一件事就是一定要先刮鬍子。有鬍鬚的話不僅會把女性弄疼，還有可能會刮傷對方。坦白說，我甚至想鼓勵大家用除毛的方式把鬍子清除乾淨呢。

嘴唇與口腔內部的衛生禮節也不要忘記。滋潤有彈性的雙唇比乾裂又粗糙的嘴唇還要來得舒服是可想而知的事。用護唇膏固然可以保濕，但我比較推薦白色凡士林，因為它的純度比黃色凡士林還要高，而且保濕效果也不錯。

牙齒與舌頭會直接觸碰到陰蒂與陰道周圍。不僅如此，而在做愛的過程當中口氣不佳反而會讓人掃興，因此我們要好好刷牙以及（用專用的刮舌清潔棒）清理舌頭，在衛生方面盡量做到萬無一失，以便進行舔陰的動作。

嘴巴先做柔軟操

舔陰時感受舒爽與否，關鍵在於嘴唇與舌頭的動作是否柔軟。所以我們不妨事先活動一下嘴巴周圍的肌肉。

在此我想要推薦的方式是「嗚嗯咿體操」。方法非常簡單，不需發出聲音，只要明確做出「嗚」、「嗯」、「咿」這三個字的嘴形，好好舒展嘴巴周圍的肌肉就可以了。這個步驟只要重複數次，就會覺得嘴巴周圍的肌肉變得非常柔軟喔。

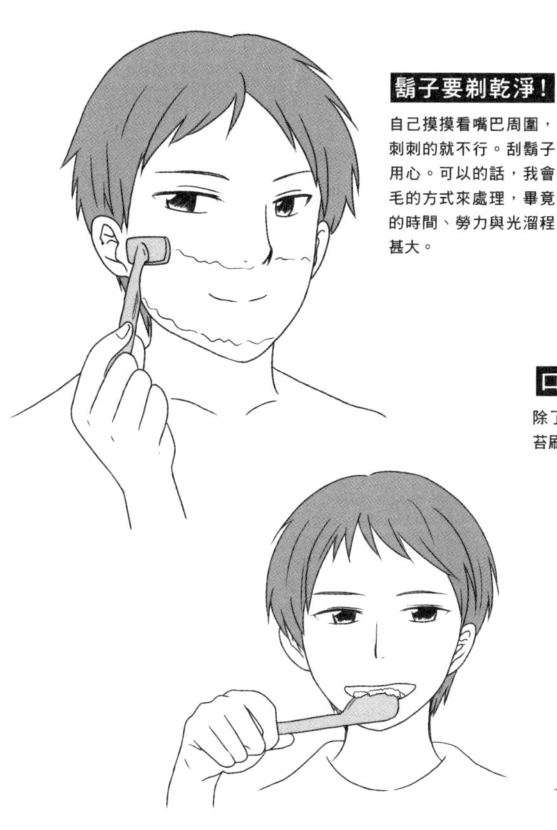

鬍子要剃乾淨！

自己摸摸看嘴巴周圍，如果感覺有點刺刺的就不行。刮鬍子的時候要非常用心。可以的話，我會建議大家用除毛的方式來處理，畢竟刮鬍子時所花的時間、勞力與光溜程度對外表影響甚大。

口腔內部也要清潔

除了刷牙，最好再用刮舌清潔棒將舌苔刷洗乾淨。

嘴部肌肉柔軟操

伸展嘴部肌肉時，唸「嗚」嘴形要整個啾圓，唸「嗯」的話嘴巴要閉緊，而唸「咿」的時候則是要將嘴角整個往左右拉開，好讓嘴部肌肉充分得到運動。

乳頭與陰蒂互相牽動

如何挑逗陰蒂

挑逗陰蒂的其中一個方法，就是「一邊溫柔地吸吮陰蒂，一邊用舌頭直舔」。

閒置的手要刺激乳頭

在挑逗G點與陰蒂的這段期間，雙手千萬不要閒置在旁，要同時輕捏乳房，搓揉挑逗。

此時最重要的，就是舌頭在舔舐陰蒂時，必須帶動手指挑逗乳頭。例如當我們在直舔陰蒂時，也要縱向輕搓乳頭。記住，舌頭與手指要雙管齊下，同時運作。

雙手不可閒置

雙手嚴禁壓在女性的腳上。要一邊舔陰，一邊挑逗女性的乳頭。

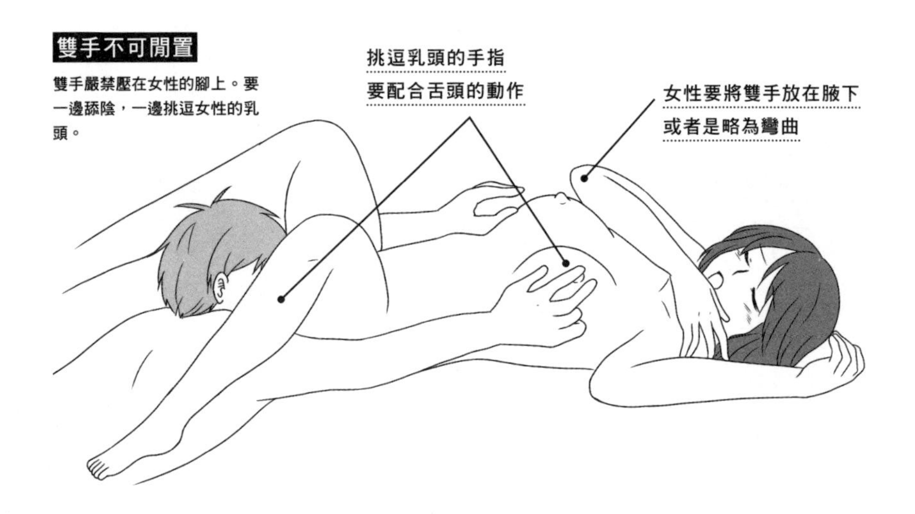

舌頭與手指雙管齊下

直舔陰蒂的話，乳頭也要縱向挑逗。如此一來女性會更加亢奮。

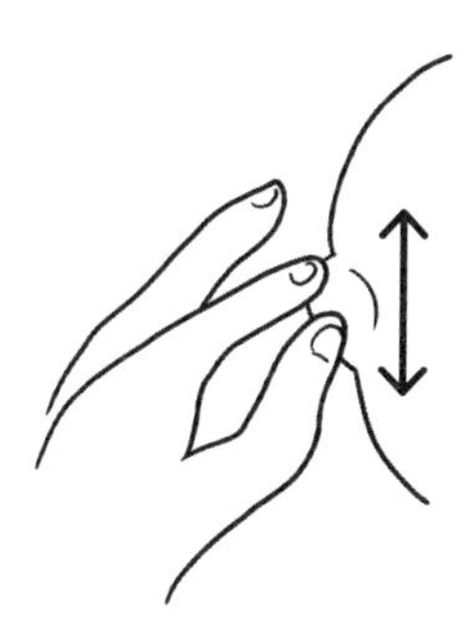

觀察陰蒂

陰蒂通常會覆蓋著一層皮。因此挑逗或愛撫時必須觀察陰蒂的大小以及愛撫之後的反應，以便調整力道。

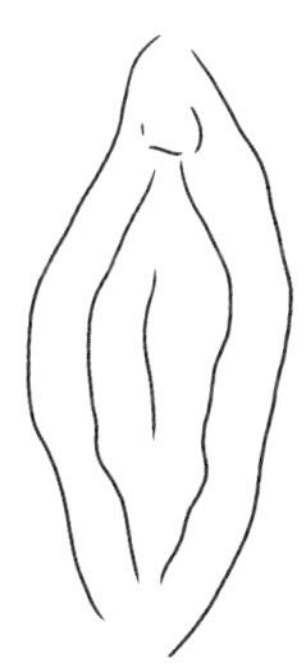

覆蓋包皮的樣子

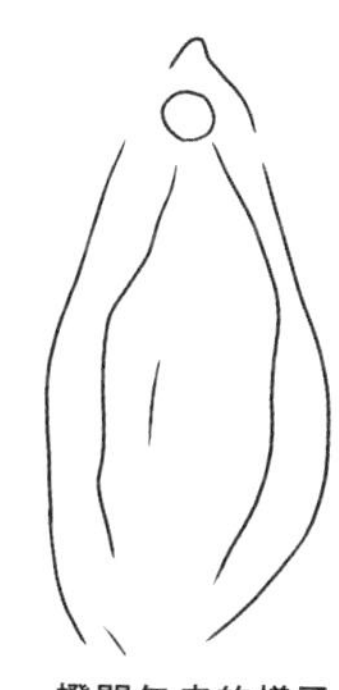

撥開包皮的樣子

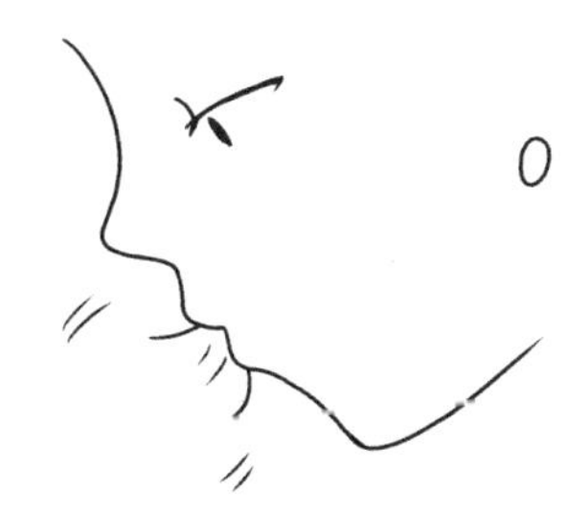

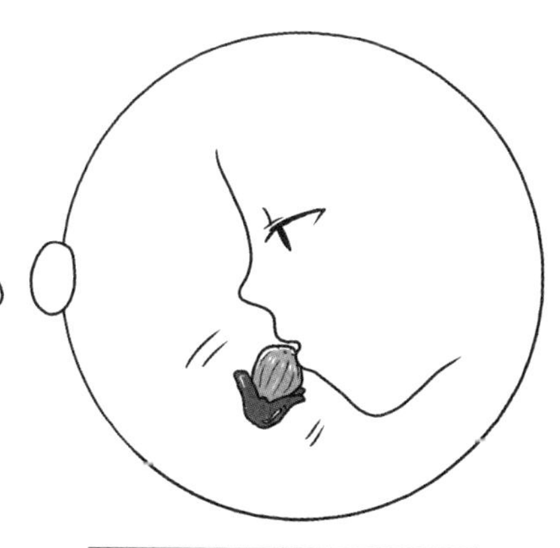

以吸食葡萄的訣竅撥開包皮

撥開包皮的時候要以吸食帶皮葡萄果肉的要領來進行。

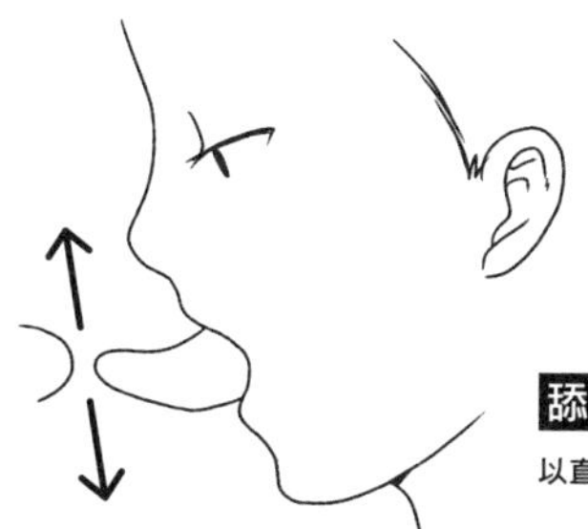

舔陰以直舔為基本原則

以直舔為主，偶爾增添變化。

STEP.2

舔陰③

一邊欲擒故縱，一邊挑逗情慾

從鼠蹊部到中央

大家覺得舔陰時最重要的是什麼？很多人會以為「要快速彈動舌頭」，其實這是錯誤的，因為快速彈舌根本就與「舒適的亢奮點」背道而馳。

舔陰時最重要的，就是接觸面要保持濕潤，並且緩緩地走進核心，萬萬不可貿然直搗核心。假設女性穿著內褲，那就從內褲邊緣慢慢輕舔；沒穿內褲的話就從大腿根部或者是鼠蹊部那一帶開始，也就是從周圍緩緩將注意力集中在想要挑逗的核心部位上。

此時雙手也要在女性身體側面以及大腿上下輕撫調情，不要用來「打開對方的雙腿」，這樣太浪費了。挑逗時記得雙手也要善加利用。

舔舐時要從鼠蹊部游移到大陰脣，緩緩游移至核心部位，並且像舔霜淇淋那樣用舌頭舔遍女性的整個性器。

不需要花招

常見性愛指南在書中告訴大家「舔的時候要畫圓……」，可是這樣的字眼反而讓我覺得那位作者是為了增加頁數才故意這麼寫的，因為這樣的舉動反而會「脫離感覺舒爽的核心部位」。

大家可以回想一下，自己在打手槍的時候會握著小弟弟這樣畫圓嗎？你覺得把小弟弟當作電視遊樂器的操縱桿上下左右移動會舒服嗎？

達到高潮的最短距離，就是「不斷重複最舒服又最單純的動作」。

因此，只要掌握到一次讓女性感到舒爽的那個點，就算要改變力道，也不要隨意改變動作。

隔著內褲舔陰

不要直接挑逗核心部位，要從內褲邊緣輕輕舔舐。沒有穿內褲的話就從大腿根部或鼠蹊部開始舔起。

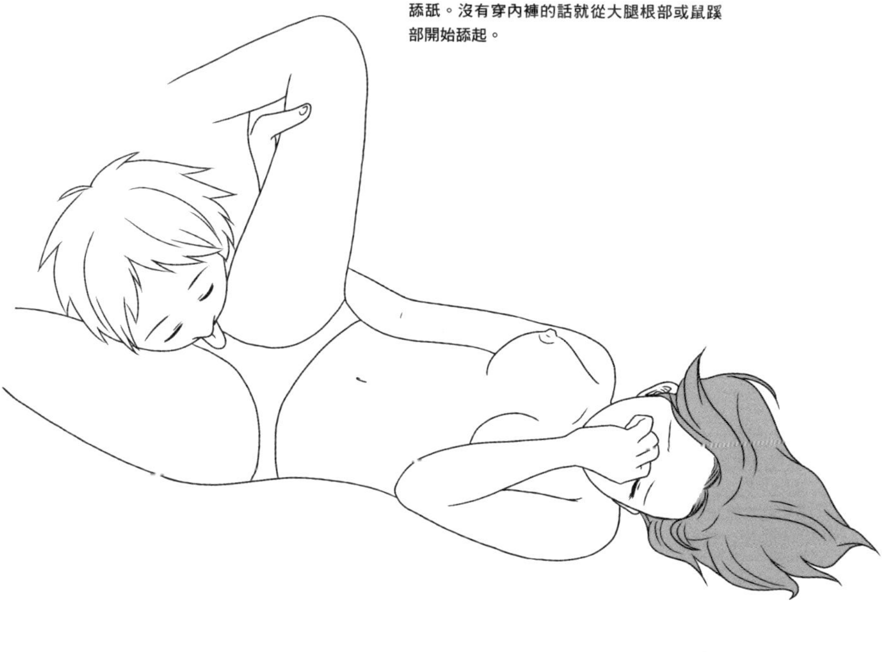

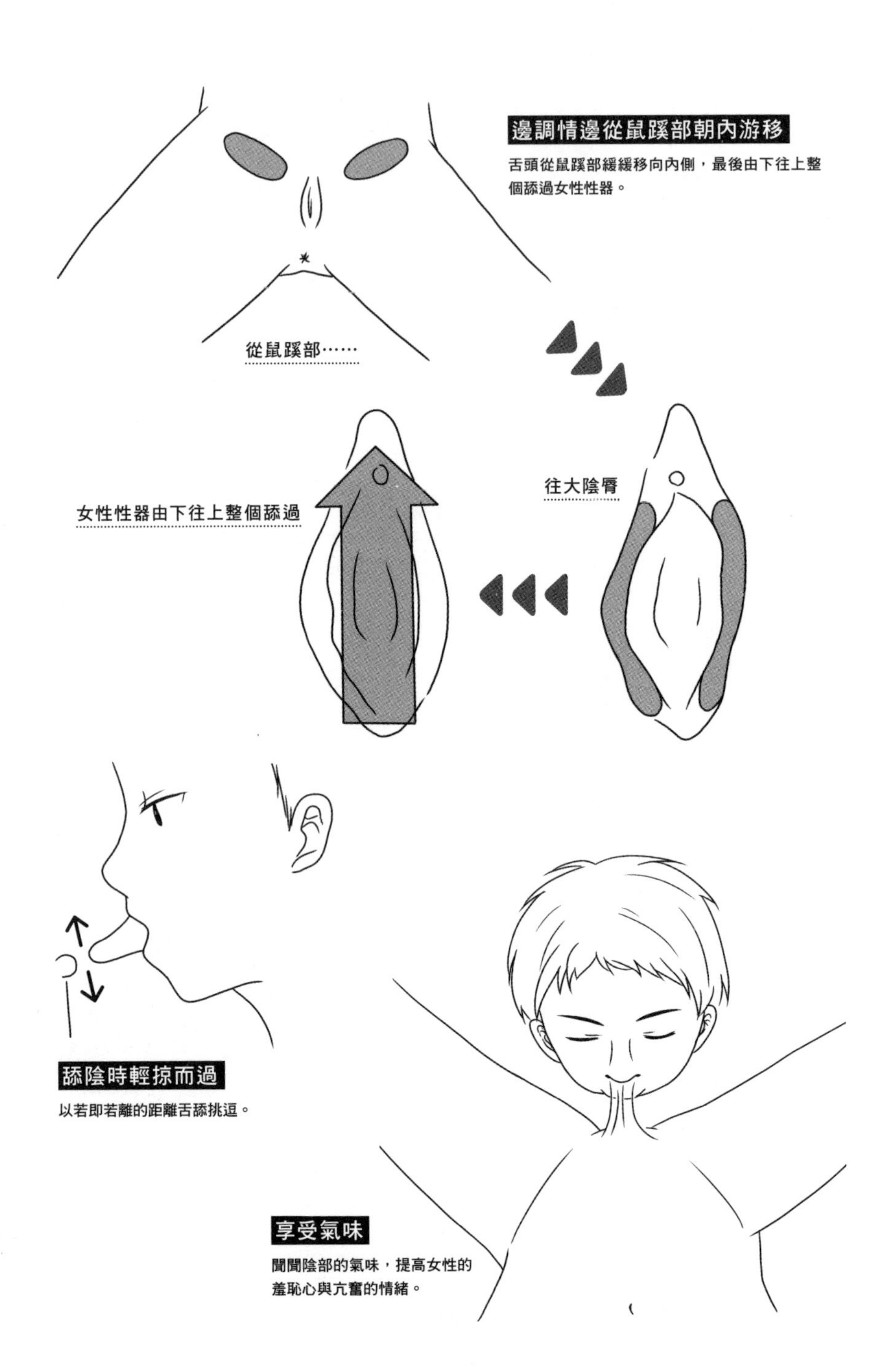
邊調情邊從鼠蹊部朝內游移
舌頭從鼠蹊部緩緩移向內側，最後由下往上整個舔過女性性器。
從鼠蹊部……
往大陰脣
女性性器由下往上整個舔過
舔陰時輕掠而過
以若即若離的距離舌舔挑逗。
享受氣味
聞聞陰部的氣味，提高女性的羞恥心與亢奮的情緒。

illustration：只野さとる

掌握至極深奧的「SHIMI舔陰技巧」！①

舔陰之際，挑逗三點

能夠讓所有女性忍不住大喊「從未有過如此舔陰感受！不僅搔到蠢蠢欲動的春心，而且還舒爽無比」（不確定會不會得到高潮，但是可以配合各種情況讓對方欲仙欲死）、深奧至極的舔陰方式，就是「SHIMI舔陰技巧」。這是一種在舔陰的過程當中，同時挑逗G點、乳頭與陰蒂的複合式性愛技巧。

但在挑逗各個部位時必須好好掌握重點，接下來就讓我們一一告訴大家吧。

尋找G點

G點的G，是來自德國婦產科醫師葛雷芬伯（Ernst Gräfenberg）其姓氏的第一個字母。

以女性性感帶廣為人知的G點非常好找。中指伸進陰道最深處時，勾起手指的第一關節，一邊輕輕貼放在頂端的壁面上，一邊往回拉，碰到的突起部位就是G點。

經常看到性愛教本告訴大家G點是在「距離陰道口約3cm深的地方」、「陰道中段隆起的部位」，這根本就是在唬人。這種人有，但是絕大多數的人卻並非如此。

挑逗G點的最佳方法

找到G點之後，中指彎成「く」字，「溫柔地」朝女性腹部按壓。按著就好，不需要動。至於力道，就和「自己戴上軟式隱形眼鏡一樣」。這樣的力道會比想像還要輕，不過剛開始這樣就好。

看到上面這段內容的人若是男性，應該很清楚對方若是突然非常用力地幫你手交，應該會很不舒服吧。挑逗G點的時候情況亦然。

至於挑逗的訣竅，在於手腕不可彎曲，必須持平。彎曲的手指、中指根部還有手腕統統靜止不動。

真正令人感到舒爽的手交與性愛，其實「動作變化要控制在最低限」。這就好比武術好手不會做出一些無謂的動作、一流職人將製作步驟化繁為簡一樣，能夠派上用場的動作，通常都非常簡單。

因此只要確實掌握G點，相信女性的反應定會截然不同的。

就算前後抽動手指，女性也不會有感覺的

女性性器幾乎沒有感覺神經分布，知覺非常遲鈍，就算抽動手指也不會感到舒爽的。不僅如此，每次抽動反而還會漸漸脫離G點。

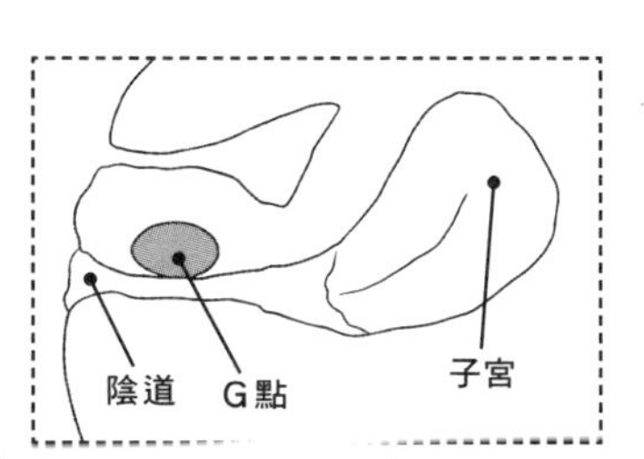

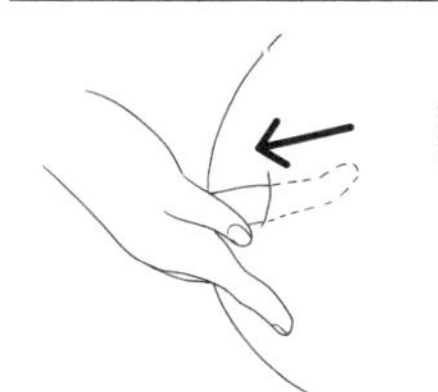

第一關節呈鉤狀
從後方往回拉

中指伸到最深處，溫柔地貼放在壁面上，往回拉時若是碰到突起物，那就是G點。

中指呈「く」字

找到G點之後中指彎成「く」字。

找到G點之後
溫柔地朝腹部按壓

中指溫柔地按壓G點後靜止不動。此時女性若是反應不錯，就代表G點已經充分受到刺激。

掌握至極深奧的「SHIMI 舔陰技巧」！②

如何挑逗陰蒂

挑逗陰蒂最好的方法，就是一邊溫柔吸吮，一邊縱向彈動舌頭，「彷彿要輕柔地彈動陰蒂般」舔舐。

至於吸吮的力道要一邊觀察女性的反應，一邊調整強弱。吸吮陰蒂的同時，可別忘了問對方「懷猴伊嗎？（因為嘴裡還含著陰蒂，所以無法好好問對方『還可以嗎』）」！

在享有激情的過程當中，「詢問對方感受」是一件非常重要的事。後文我們會提到，從詢問的方式也可以看出對方是一個「非常懂得做愛的人」還是「做愛技巧非常拙劣的人」。

性愛是等級比「語言」還要高一等的溝通方式。之前已經提過不少次，最完美的情況，就是即使一語不發，腦子也能毫無疑問地得知對方心中所想的事。

在進行一場完美性愛時，「有一點痛」、「有一點用力」、「再用力一點！」只要是對方正在想的，通常都會傳進自己的腦海裡。若是做不到這種地步，就代表你在性愛這方面還有待加強。而想要達到這種地步，就要掌握「觀察」、「探究心」與「經驗累積」這幾個訣竅。

SHIMI舔陰步驟

施展SHIMI舔陰技巧時，要按壓G點，吸吮陰蒂。雖然這種狀態就足以讓女性銷魂酥軟，不過我們的手還要輕揉乳頭。在挑逗G點及陰蒂的同時，雙手不可閒置，要同時搓揉乳頭，挑逗情慾。

而最關鍵的一點，就是舌頭舔舐陰蒂的動作與手指挑逗乳頭的方式與強度要「互相配合」。例如縱向舔舐陰蒂時，乳頭也要縱向彈撫。也就是說，舌頭與手指要盡量雙管齊下，如此一來腦子裡就不會搞不清楚到底是要上下舔還是左右舔了。

只要學會這個訣竅，就算宣稱自己已經掌握前戲技巧也不為過。接下來讓我們整理一下重點，順便複習吧。

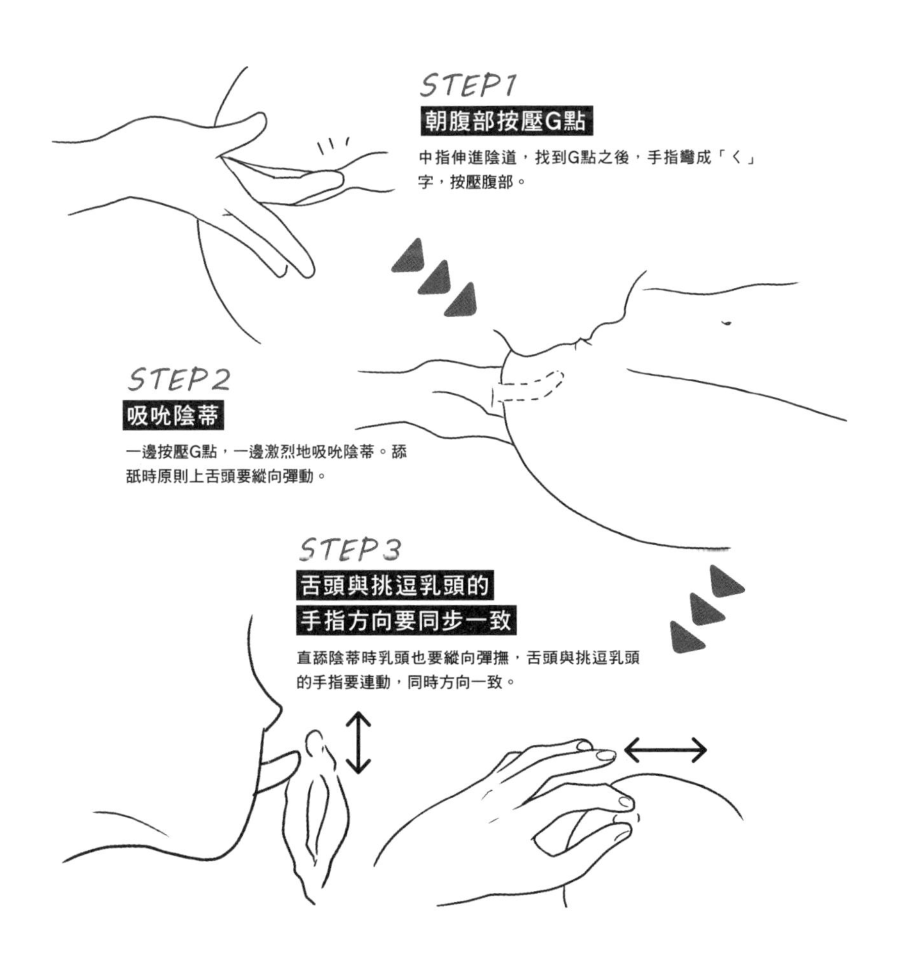

這就是至極深奧的「SHIMI 舔陰技巧」！

雙手貼放在女性的乳房上同時刺激乳頭。
舌頭與手指雙管齊下，讓女性快感倍增。

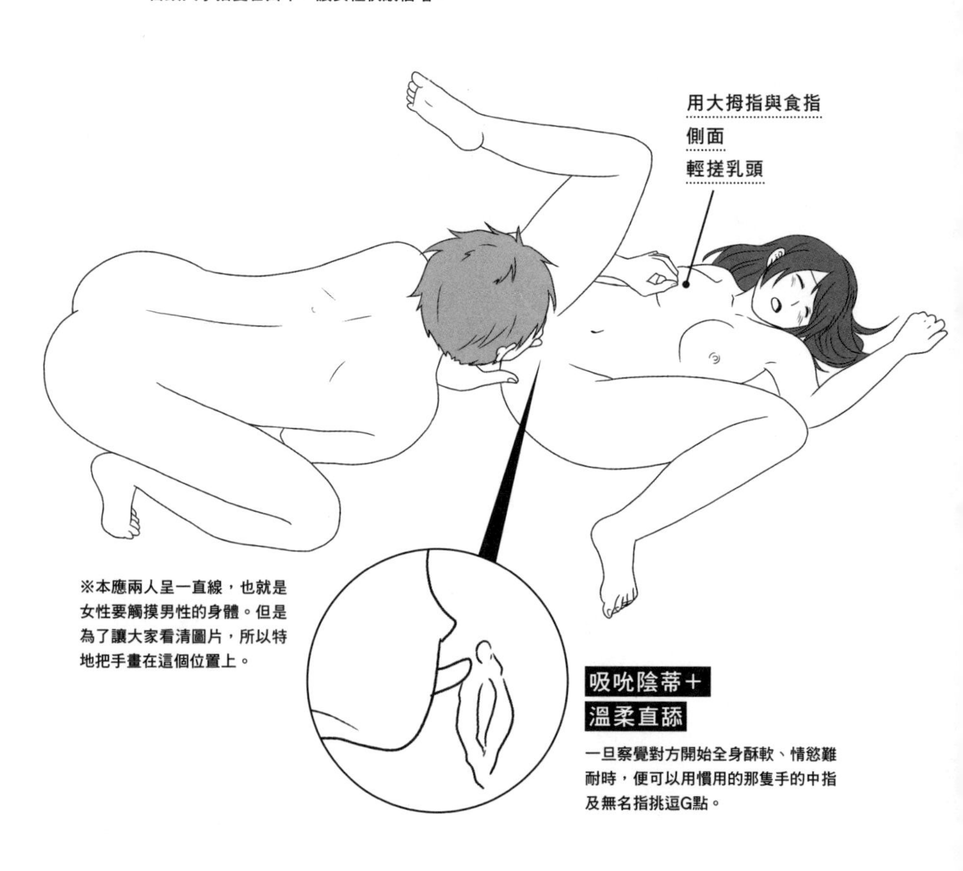

illustration：ありまなつぼん

STEP.2

口交①

隔層內褲調情

間接刺激，提升快感

在用手愛撫陰莖之前，只要稍微「調情挑逗」，就能點燃對方的慾火，讓胯下不由自主地隆起。

這邊提到的「稍微」，並不是具體的幾分鐘，而是要觀察對方的反應，發現挑逗奏效，對方已經按耐不住，不想再隔靴搔癢時，就代表慾火已經點燃成功。

先隔層內褲，輕撫陰莖體、龜頭以及「會陰部」，讓男性更加亢奮。此時另外一隻手盡量撫摸男性身體的其他部位，同時視線還要凝望對方的眼睛，偶爾觸摸所見之處。

深埋陰莖根部的會陰部

陰莖體與龜頭固然舒爽，不過還有一個地方務必也要愛撫看看，那就是會陰部。這個堪稱「男性體外G點」的部位就在肛門與睪丸之間。

會陰部附近埋藏著陰莖根部。只要刺激這個部位，就能夠讓男性欲仙欲死。順帶一提的是，陰莖一旦硬挺起來，位在會陰處附近的根部也會跟著變硬。

因此只要輕撫男性的會陰部，對方肯定會認定「這女孩還真厲害」，而對妳另眼相看呢。

隔著內褲輕撫陰莖與龜頭

要溫柔地撫摸陰莖。另一隻手同時愛撫他處。

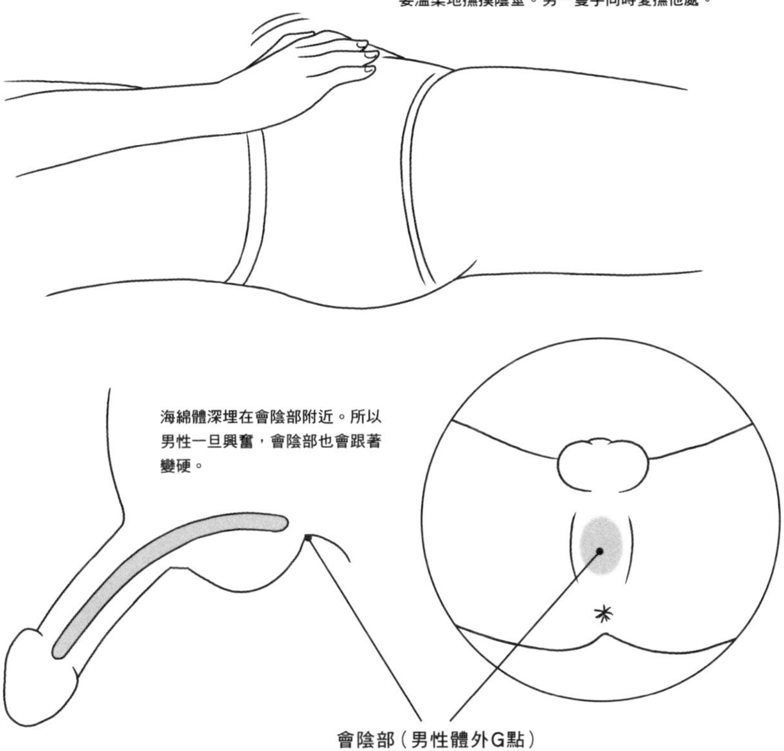

摩撫會陰部

位在陰囊與肛門之間的會陰部是男性隱密的興奮點。可用指尖或指腹輕輕摩撫。

STEP.2

口交②

以手愛撫

事前準備與陰莖握法

以手愛撫陰莖（手交）時，往往會誤以為「力道越強、速度越快就越舒服」或者是「拉下包皮會比較舒爽」。有人會使勁摩撫，但是這樣只會讓男性感到疼痛。

在為男性進行手交之前，可以先在陰莖上沾滿唾液或潤滑液以保持滑溜。

握住陰莖時要整個掌握在手中。基本上大拇指要放在陰莖後側，其他的四根手指則是盡量貼放在外側，也就是「增加接觸面積」的概念。

至於掌握的力道與陰莖的角度，每個人感覺舒適的情況各有不同，若能詢問對方「會不會太用力」，或者是以「這邊與那邊，哪一邊感覺比較舒服」，亦即二選一的方式探詢，這樣對方也比較容易回答。總之就讓我們靈機應變，端視情況加以調整吧。

另一隻手愛撫他處

在為男性打手槍時，包皮若是過度拉扯，甚至拉到包皮繫帶，就會讓疼痛隨之而來。故在打手槍時不需在意多餘的包皮，只要將皮拉到陰莖根部就可以了。

手交時若能順便愛撫睪丸與會陰等其他部位，或者是舔舐乳頭的話，就可讓男性血脈賁張，情慾難耐喔。

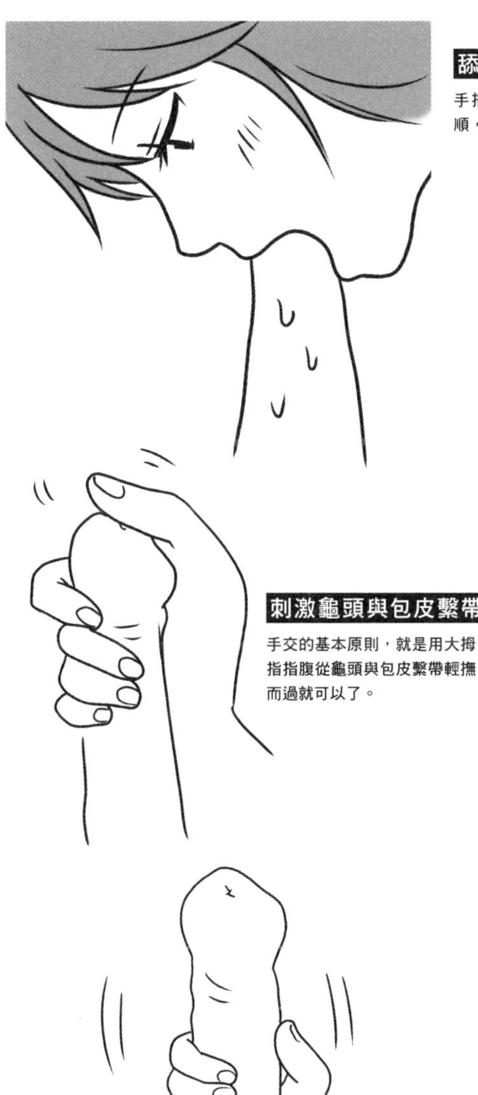

舔舐時要沾上大量唾液

手指貼放在陰莖時，唾液量越多就會越滑順，如此一來快感就會倍增。

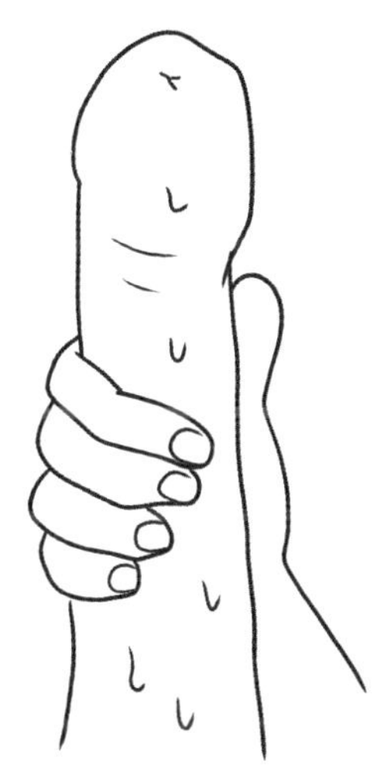

刺激龜頭與包皮繫帶

手交的基本原則，就是用大拇指指腹從龜頭與包皮繫帶輕撫而過就可以了。

增加接觸面積

要緊密貼合，接觸面積要大。手交時若能混入一些空氣，發出「啾哇、啾哇」這種獨特的聲音時，就代表妳已經到達到性愛好手的境界了。

NG!

摩擦時不可過於乾燥

直接摩擦的話表面會不夠滑溜，如此一來疼痛反而會壓過舒爽的感受。

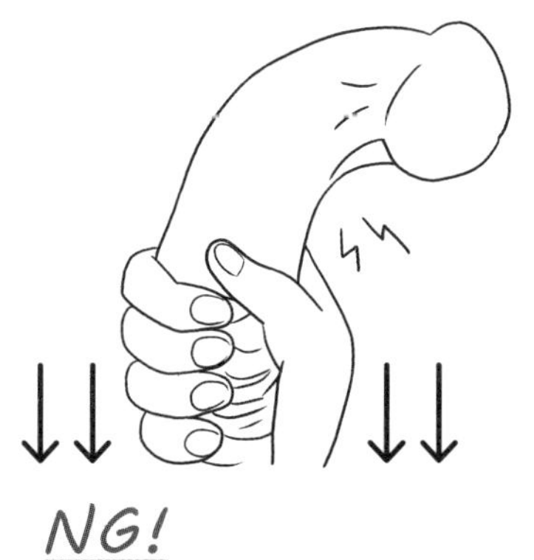

NG!

不要過度拉扯包皮

過度向下拉扯的話反而會拉到包皮繫帶，要小心。

口交③

以唇舌愛撫

不時凝望男性臉龐

即便是口交，「唾液量」及「接觸面積的廣泛」與手交一樣重要，因此陰莖要沾滿大量唾液，而在舔舐陰莖體與龜頭時，舌頭也要盡量整個伸出來。

此時要不斷地凝望男性的臉。有些女性因為不願讓男性看到自己的表情，結果口交時「對方只能看到自己的髮旋」。坦白說，這並不是一場感覺舒爽的口交。

口交時陰莖可以稍微朝腳邊傾斜，這樣就可以看到男性的臉龐。如此一來，陰莖上的肌肉就會稍微緊繃，讓感覺更加舒適。

有人會擔心這樣不會折斷嗎？不會痛嗎？其實陰莖根部不管有多硬挺，活動時依舊相當富有彈性，所以大家不需過於憂心。

話雖如此，陰莖傾斜的時候還是要觀察對方的反應，隨時調整力道才行。

根本就不舒服的NG口交

有些女性會把舌頭伸進尿道口。雖然男性會發出「啊～啊～」的呻吟聲，但這有可能是因為過於刺激，而希望妳「不要再繼續舔了！」的哀嚎聲。

反應激烈並不等於感覺舒爽，有時反而是因為過於疼痛。既然對方是出於善意要「讓自己感覺舒爽」，怎麼好意思阻止對方呢？但是因為做出的反應實在是太棒了，所以對方才會誤以為「好像很舒服的樣子」而趁勝追擊，結果導致惡性循環。這種情況就好比用手指插入肛門的肛交一樣。

嘴裡含著睪丸時，嚴禁和《山林小獵人（はじめ人間ギャートルズ）》這部動漫中的人物吃肉的時候一樣用拉扯的，因為這樣在將蛋蛋含於口中時，反而會讓男性擔心「會不會被扯下來」而心生畏懼。

因此，與其將蛋蛋含在口中，不如像舔霜淇淋那樣用舌頭增加接觸面積，輕柔舔舐吧！

另外，深喉嚨也是容易招致誤解的口技之一。口腔內部的臉頰與舌頭雖然柔軟，但是用鏡子觀察或者是用手觸摸喉嚨深處與喉結周圍時，就會發現這個部位其實非常堅硬。所以當陰莖伸到最深處的話，反而會撞到這個部位。

喉嚨深處、喉結與扁桃腺這個部位若是整個打開，陰莖頂端的柔軟部位就能一直伸到深處，這樣在進行深喉嚨這個口愛技巧時，感覺確實會非常舒適……但是嘴巴較小的人，或者是唾液不夠濃稠，甚至沒有分泌唾液的人在進行這個深吞絕技時，反而會讓對方感到疼痛。

同理，用喉嚨束緊龜頭的「束喉」技巧其實也沒有那麼舒服。這就跟潮吹一樣，只是在告訴對方自己「會」這個技巧罷了。

CHECK!

祕辛技巧

「把手當成嘴巴的延伸線」

我們也可以「把手當成嘴巴的延長線」，以便增加接觸面積。手先比成圓筒狀，模仿吹箭的動作貼放在嘴巴上，然後再將陰莖伸入其中，也就是以嘴銜手的技巧。當採用這種方式口交的時候，記得也一定要含上大量唾液。

要注意的重點

口交時也要留意「另一隻手別空閒」、「姿勢要一筆直下」。只要一邊凝視男性的臉一邊愛撫，就能讓對方越來越亢奮。

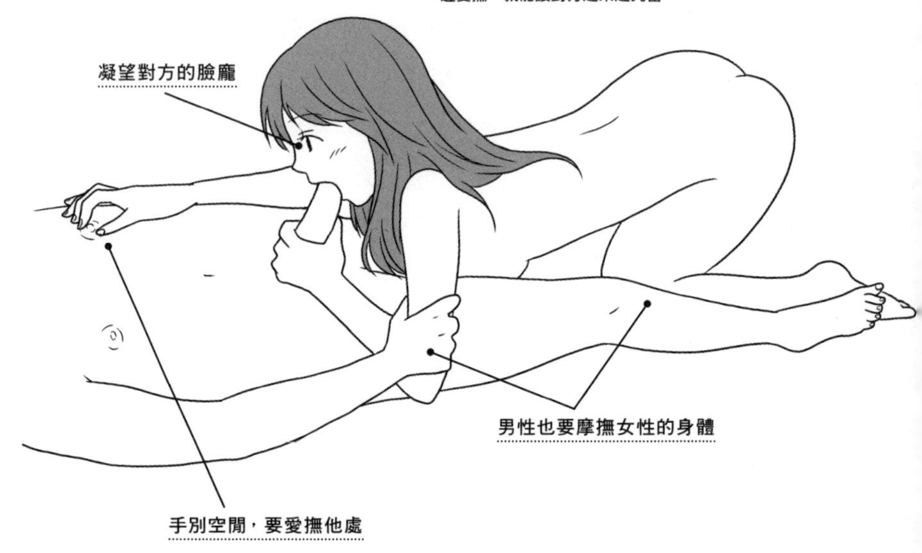

溫柔吸吮／舔舐陰囊

勿拉扯陰囊，用舌頭上舔是基本原則，吸吮時更是要溫柔。

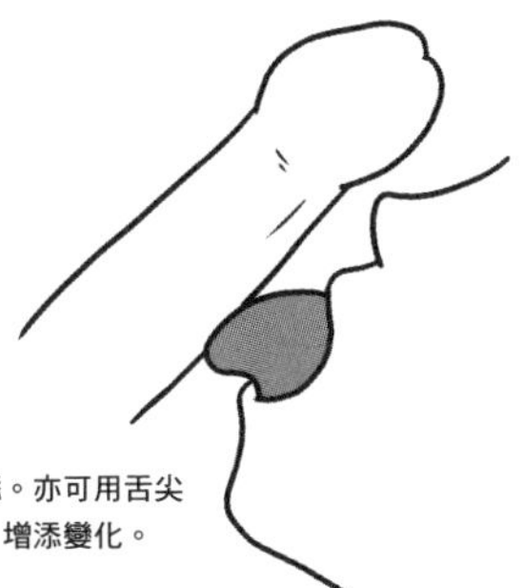

上舔陰莖後側

舌頭整個伸出往上直舔。亦可用舌尖輕舔龜頭與陰莖後側，增添變化。

舔舐會陰

懂得舔舐會陰部的女性會深得對方好評，因為拉起陰莖用舌頭輕舔會陰時，可以讓對方酥軟無比。

勿留縫隙

舔舐陰莖體時龜頭要整個含在口中，盡量不要有縫隙。要掌握一邊舔舐陰莖體，一邊用舌頭刺激包皮繫帶這個訣竅。

CHECK!

嘴巴小巧的人就做做「臉部瑜珈」！

「將陰莖體含在口中時下巴會顫動哆嗦」的女性，我會建議妳們做做這個伸展操，如此一來臉部肌肉會變得更有彈性，同時也會比較容易張大嘴巴。

①嘴巴往下拉開，眼睛整個朝上看。

②拉開左右兩側的嘴角，下巴往前推。

③鼓起臉頰，雙眼睜大。

NG!

舌頭伸進尿道口

這麼做幾乎都會讓男性痛到哀嚎，千萬不要誤以為男性是因為舒服而呻吟。

NG!

深喉嚨

喉嚨深處非常堅硬，所以這麼做其實並不會讓對方感到舒服。雖然強制口交可以滿足控制慾與服從慾這種精神上的慾望，但在物理上而言，卻必須靠些「花招」才會感覺舒爽。

NG!

拉扯含在口中的陰囊

對男性而言，彷彿用嘴撕肉般用力拉扯睪丸只會讓人心生恐懼。

illustration：戸ヶ里憐

清水健式

性愛檢定 ②

回答下列這幾個嚴選的是非題，檢查自己對性愛掌握多少知識。
後半部的11題答案與解說在P.150。

☐ **Q.12**
早洩、晚洩、陽痿與勃起障礙是可以改善的。

☐ **Q.13**
身體柔軟的人做愛時通常感受會比較敏銳。

☐ **Q.14**
自己的身體應該要從頭到尾仔細觀察一次。

☐ **Q.15**
禿頭的人性慾很強。

☐ **Q.16**
無論男女，最好都能自慰。

☐ **Q.17**
男女若要達到高潮，勢必要靠「性愛技巧」才行。

☐ **Q.18**
男性果然還是喜歡巨乳。

☐ **Q.19**
愛撫方向基本上與身體縱向平行為佳。

☐ **Q.20**
越是懂得如何做愛，就越不容易感到疲憊。

☐ **Q.21**
性伴侶求愛時，就算郎有情妾無意，也要配合對方來一場。

☐ **Q.22**
性愛越激烈，感覺就越舒爽。

STEP.3

做愛

STEP.3

插入①

如何戴保險套

堅持「真槍實彈」的男人是垃圾

男性當中有不少人就算女性要求他「戴上保險套」，也會以「戴保險套不舒服」、「戴上套子的話老二會軟下去」，不然就是「我會射在外面，別擔心」為由而拒絕，堅持一定要「真槍實彈」才行。

坦白告訴大家好了，這樣的男人根本就是垃圾。

這種男人會有長進嗎？就算交往，將來他也不會有出息的。理由是「他太自私」了，完全不會顧慮到對方的感受，只知以自己的利益為優先考量。

但是能夠招來人脈、工作與財運的男人卻與此相反，是一個「會讓周遭心情愉快的人」。

有的男人會以「戴套的話老二會軟下去」為由，只知利用物理上的歡愉享受性愛；有的男人則是只知在幻想世界裡興奮，在現實當中毫無任何性愛行為。要是與這樣的男人交往，久而久之就會陷入無性生活。一旦會刺激性慾的多巴胺（dopamine）這種物質在體內分泌，就會導致出軌。所以一聽到有人說「戴套的話老二會軟下去」，我的心情反而會先癱軟。

遇到這種男人就不用猶豫，趕快換一個願意為妳戴上保險套的男性才是。

清水健戴套法

大前提是「還沒勃起」就不可以戴保險套。因為戴了之後才勃起的話，反而會讓空氣跑進保險套裡。

而且戴保險套的時候，我幾乎是不看手的，因為我是以打麻將的摸牌要領，用大拇指與食指輕搓保險套的環圈，確認內外兩側之後就直接套在陰莖上的。

將環圈從龜頭下拉到陰莖體時，兩手若是同時往下推的話，反而會讓環圈卡在中間。所以，瞬間戴上保險套的訣竅就是：

先輕輕扭轉保險套頂端的囊袋，擠出裡頭的空氣再套在龜頭上。單手壓住龜頭的同時，另一隻手先將環圈拉到龜頭冠這個部位。

接著其中一隻手將龜頭冠「稍微往上拉」的同時，另外一隻手將環圈往下推……這樣就可以順利地將環圈推到底部，不會卡在中間了。

只要這麼做，就能夠瞬間完美地將保險套服服貼貼地推到陰莖根部了。原本以為女孩子會驚訝地說「什麼!?已經戴好了？」、「太快了吧！」可惜從未有人這麼對我說（笑）！

STEP1

大拇指與食指搓揉環圈，確認內外兩側。

STEP2

扭轉囊袋，擠出空氣之後，保險套的表面朝上，套在龜頭上。

STEP3

一手壓著龜頭，一手將環圈拉到龜頭冠之後，接著稍微拉起龜頭冠，同時將環圈往下推。要是兩手同時拉下環圈的話，保險套反而會卡在中間，拉不下來。

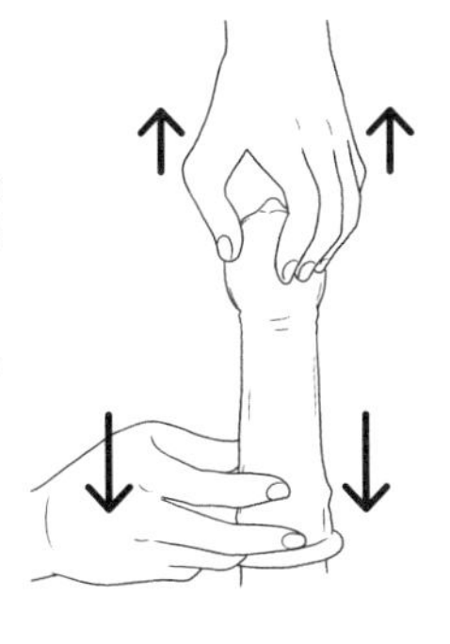

STEP4

避免空氣跑進去，整個推到根部即可。要注意的是，萬一空氣跑進去或者是只推到一半卡住的話，保險套有可能會在做愛的過程當中脫落。此外，戴上保險套之後陰莖只要一軟，空氣就會跑進去。在這種情況之下先卸下保險套，等到陰莖勃起時再重新戴上去吧！

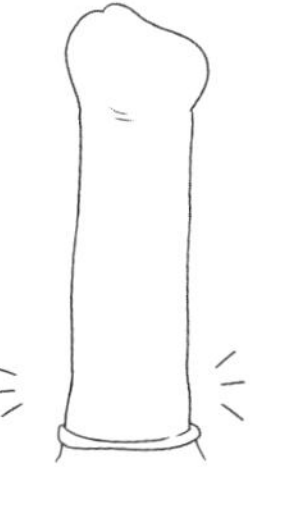

戴上保險套的最佳時機

前戲期間戴套，但要保持專注

正當情慾因為前戲而打得火熱，準備插入之際，男性若是背對著女性偷偷摸摸地戴上保險套，就會多出一段非常尷尬的空檔時間。

剛才提到戴保險套的時候我是不看手的，那是因為要趁接吻與舔陰這段時間把保險套戴好。

從前戲到插入的這段過程當中，為了保持亢奮與集中，身為男性的我們就要好好練習一邊進行前戲，一邊戴上保險套的技巧。

關於保險套

「有預感等等會有一場激情之戰」時，保險套一定要放在伸手可及的範圍內，否則準備插入時保險套要是放在遠處必須跑過去拿的話，女孩子那顆火熱的心可能會因此而冷卻。好不容易點燃的慾火若是熄滅了，再次點燃可是比登天還難呢。

另外要注意的是，保險套是有使用期限的。有的人會一直放在皮夾或口袋裡，這樣反而會讓保險套的橡膠因為摩擦而劣化。如果是剛從盒子裡取出要帶著走時，不妨將其裝進夾鏈袋中，這樣就可以避免保險套變質。

插入之後要注意一點，那就是陰莖若在做愛的過程當中變軟的話，再次勃起時一定要換上一個新的保險套。要是使用同一個保險套的話，極有可能會讓精液外漏，或者是因為空氣跑進去而導致保險套脫落。

一邊舔陰

只要在進行「SHIMI舔陰技巧」的過程當中順便戴上保險套，就能夠在情慾不滅的情況之下進入交纏階段。

一邊接吻

與舔陰並立、非常傳統的保險套穿戴技巧。

STEP.3

體位①

注意插入的角度與方向

插入之後，感受更強

只要前戲精彩，就足以大幅提升女性的滿意程度。早洩的人插入之後，通常過沒多久就會繳械，但是只要前戲拿捏得當，激情過後照樣能讓人心滿意足，點頭稱讚。

但是呢，插入要是也能完美無缺的話……相信你的人生一定會是彩色的，讓女性趨之若鶩。就和……醫術高超的王牌醫師不易掛到診的情況是一樣。

在現實生活當中，性愛技巧讓人魂牽夢縈的男性根本就是屈指可數。但是只要好好掌握前戲＋插入的技巧，就能讓自己置身在藍海（blue ocean）這片不完全競爭的領域之中，眾人口耳相傳，小弟弟根本就沒有時間晾乾。

接下來我們要在本章教導大家一些讓性愛更加精彩舒爽的插入方法，以及必須好好學習的四個體位。

CHECK!

何謂子宮陰道部

子宮頸的其中一部分，位在子宮口附近，只要陰莖插入時帶點角度，頂端的龜頭就能刺激子宮陰道部。最容易感受到這個部位的就是騎乘體位，當女性屈膝、前後扭腰擺動時若是覺得有硬物，就代表子宮陰道部有所感覺。但不確定其他體位是否也能感受得到。

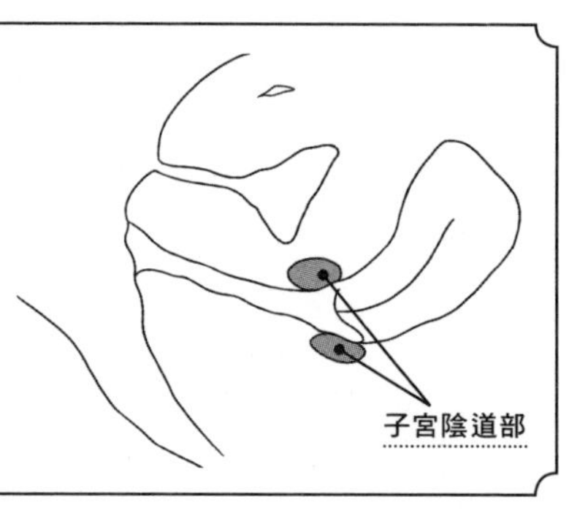

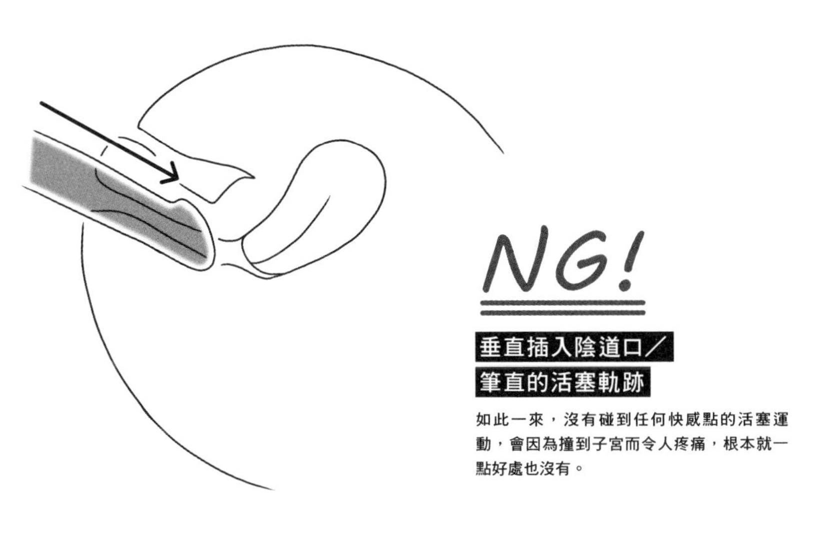

NG!

垂直插入陰道口／
筆直的活塞軌跡

如此一來，沒有碰到任何快感點的活塞運動，會因為撞到子宮而令人疼痛，根本就一點好處也沒有。

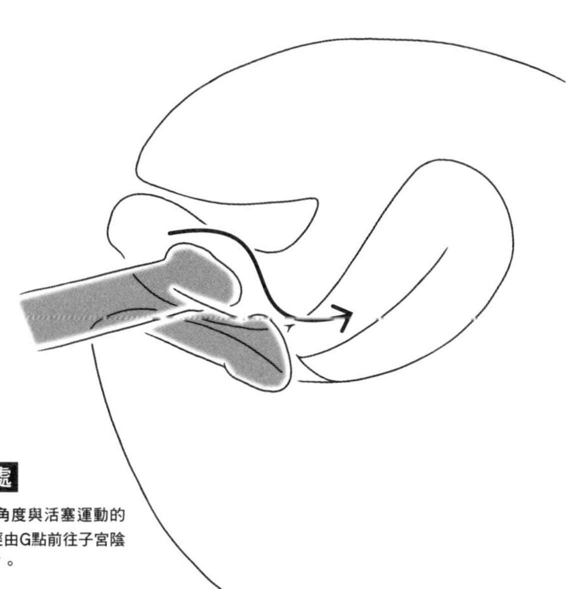

陰莖帶點角度
插入陰道的好處

只要改變陰莖插入的角度與活塞運動的方向，就能夠實現「經由G點前往子宮陰道部」這個理想路線了。

STEP.3

體位②

正常體位的基本原則／應用

兩人雙手嚴禁閒置！

正常體位最常看到的NG範例，就是無論是男性還是女性，雙手都會閒置在旁。在這種情況之下，男性雙手會撐著地面，女性的手也沒有撫摸對方的身體。既然兩人的身體沒有「一筆直下」，當然就會沒有一體感。

另外，男性在進行活塞運動時，也不可以連同肩膀一起擺動。因為不必要的動作一旦變多，反而會一下子就感到疲憊。

插入後約靜止10秒

想要推薦的基本體位，就是雙手放在女性的膝蓋上，朝自己往回拉的活塞運動。如此一來就能夠朝適當方向有效率地進行活塞運動，不僅可以插得更加深入，男性也比較不容易感到疲憊。

在應用上，男性上半身前傾、兩人身體重疊的正常體位同樣也能帶來酥軟無比的感覺。不過採用這個體位時，男性的手要繞到女性的肩膀上，這樣才能牢牢固定脊椎。

就算是抬起女性雙腳的正常體位，男性若是能夠握住女性的腳底，將腳跟往回拉，這樣就能夠變換陰莖頂住的部位，值得推薦。

許多人在交纏時通常都會從正常體位開始，但是「不管是什麼樣的體位」，只要插入，一定要靜止10秒不動，這樣陰道才能夠將插入其中的陰莖整個包覆起來，增加密合度，進而讓感覺更加舒爽，同時還能避免女性因為性交而疼痛。

讓女性因為性交而感到疼痛，或者是做愛時無法讓對方感到舒爽的男人，絕大多數都是插入之後就立刻進行激烈的活塞運動。但是，插入後只要遵守「靜止10秒」這個規則，就能夠讓女性酥軟銷魂喔！

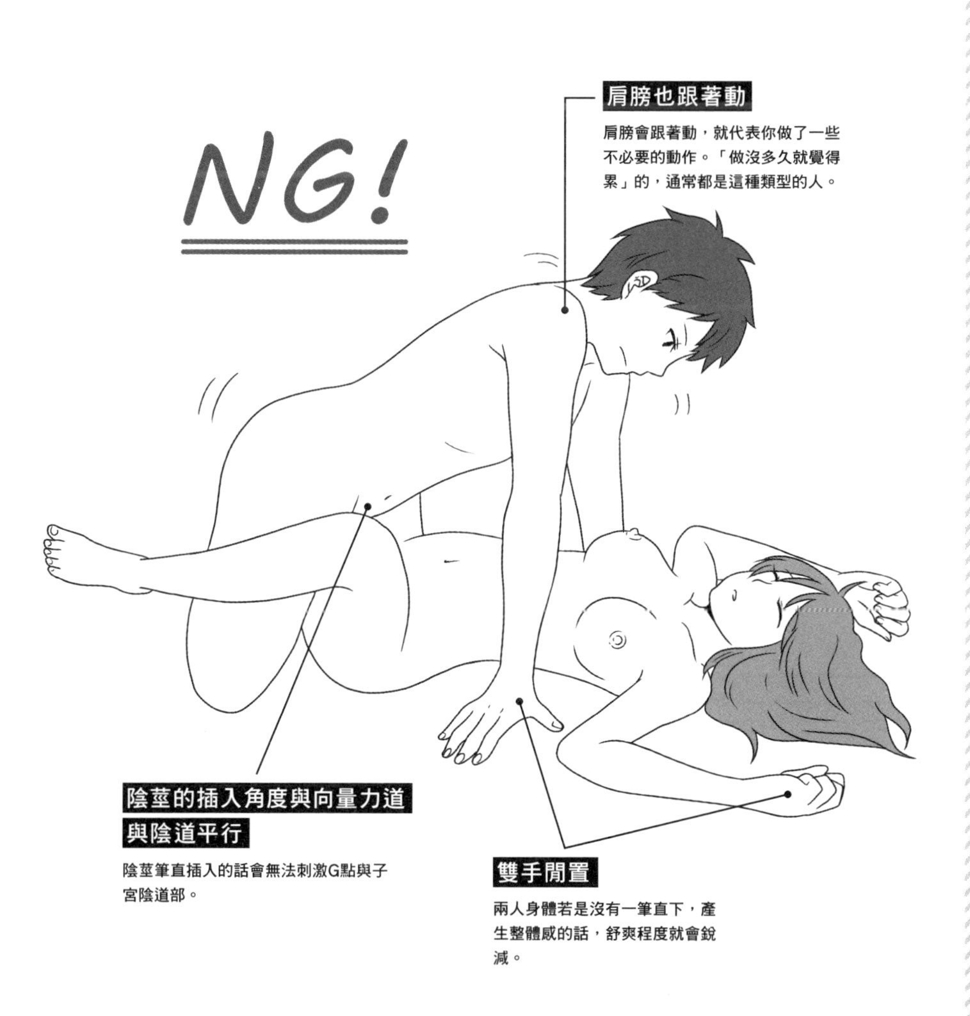

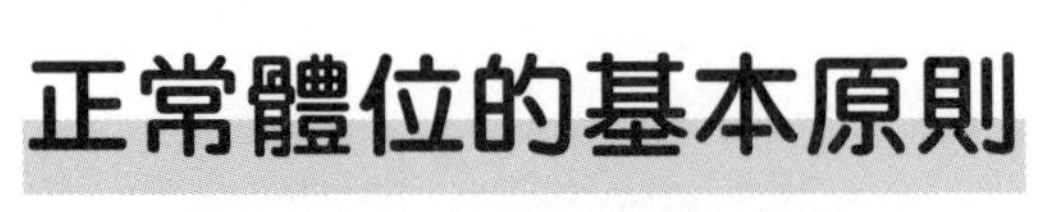

正常體位的基本原則

因為情侶這層關係，在感情上也能得到滿足的體位。男性可趁空檔時間愛撫陰蒂或乳頭，為性愛增添一些變化。

肩膀固定不動

只要掌握重點，就能夠減少腰部扭動的幅度。

CHECK!

向量力道互相碰撞

抽動陰莖所產生的向量力道與將女性膝蓋往回拉的向量力道碰撞在一起，就能大幅提升快感。插入時角度也要多加留意。

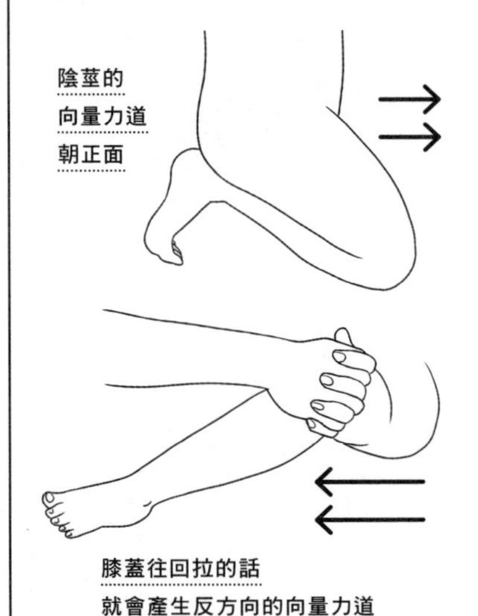

不要扶腰

扶住女性腰部的話，活塞運動所產生的力道會因為女性的身體一直往上而被分散，所以手盡量不要放在腰部。

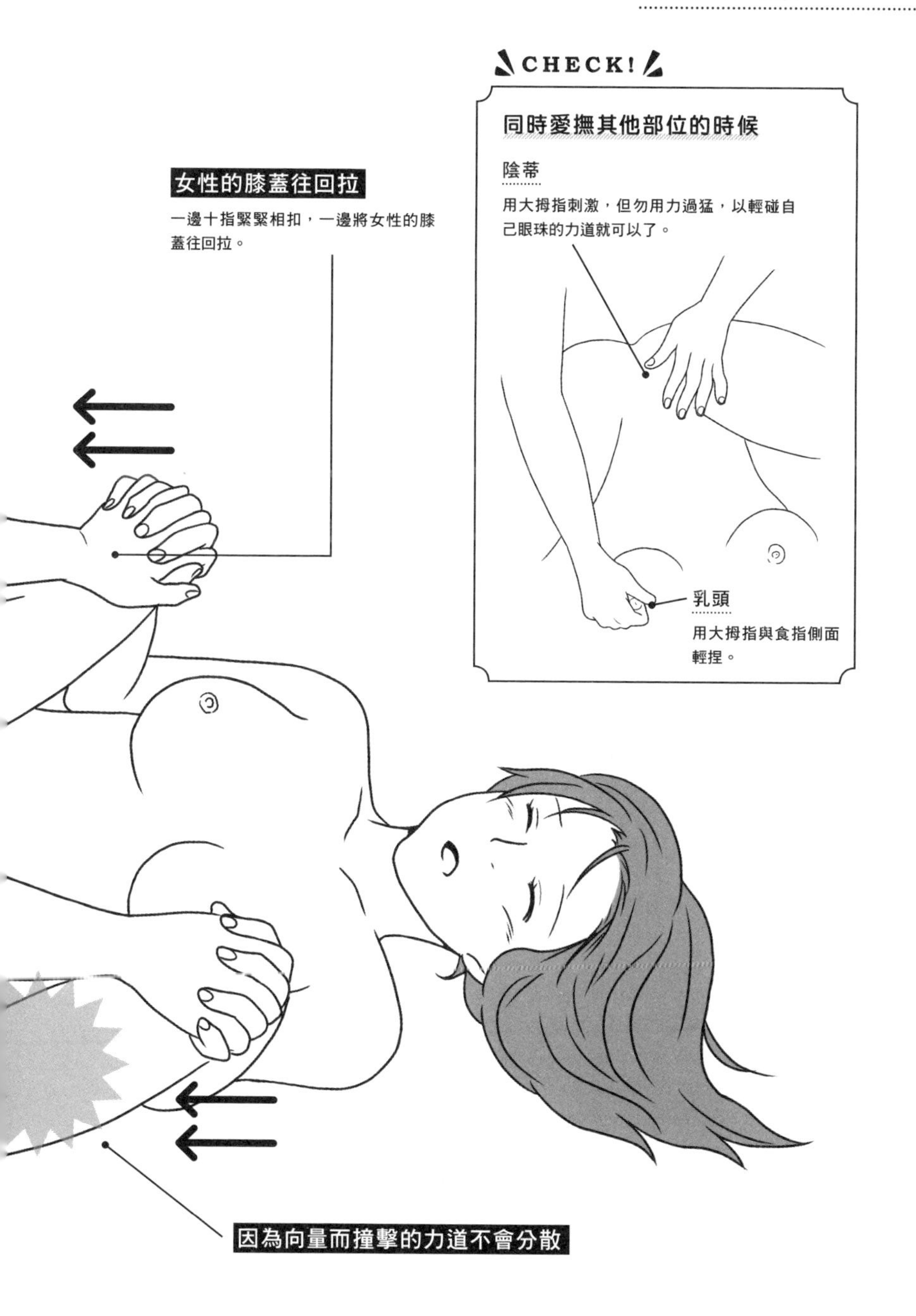
女性的膝蓋往回拉
一邊十指緊緊相扣，一邊將女性的膝蓋往回拉。
CHECK!
同時愛撫其他部位的時候
陰蒂
用大拇指刺激，但勿用力過猛，以輕碰自己眼珠的力道就可以了。
乳頭
用大拇指與食指側面輕捏。
因為向量而撞擊的力道不會分散

正常體位的應用①

這是兩人身體緊密貼合的正常體位。只要互相擁抱，肌膚相親的範圍就會更加廣泛，在心理上得到的滿足感也大。正因如此，若非相愛的兩個人，這個體位有時反而會令人害羞。

雙手繞到男性背後

女性雙手環抱男性，讓兩人的身體緊密貼合。

男性雙手緊緊貼放在女性的脊骨上

只要雙手抱住脊骨與脊椎，就可以讓身體更加穩定，不會懸空。不僅是正常體位，在進行其他體位時，一定要好好固定對方的正中線（從頭頂筆直延伸到身體部位的線條）。

正常體位應用②

在女性雙腳閉合的狀態之下，男性將腳整個抬起。如此一來陰莖碰撞的部位會完全有別於基本的正常體位（撞向G點之後滑到子宮陰道部），務必一試。

illustration：只野さとる

STEP.3

體位③

側入體位的基本原則／應用

扶住女性關節，輕鬆變換體位

變換體位時，要掌握扶住女性關節這個訣竅。從正常體位換成側入體位時，只要「推動」女性其中一邊的肩膀與膝蓋側面，就能夠不費吹灰之力變換體位。

提到側入體位，其實這是一個不易NG的「萬能體位」。基本上女性只要擺出雙腳閉合的姿勢就可以了，不過單腳抬起的話，感覺也會非常舒適的。

不過唯一的NG點，就是陰莖因為撞到陰道深處而把女性弄疼。故在進行這個體位的時候，要記得一邊觀察女性的表情，一邊確認「裡面還好嗎」。

開腳闔腳時的雙手位置

以雙腳闔起的姿勢進行這個體位時，男性的手要扶住女性的腰部，或者是放在肩膀與膝蓋上，盡量往回拉。

女性雙腳張開時，抬起的如果是右腳，那麼男性就把右手放在女性的右肩上。此時的關鍵點，在於女性的另外一隻腳要伸直，要是彎曲的話，就會無法利用向量力道，順利碰撞到快感點。

在這過程當中不易得到高潮的女性，不妨自己觸摸陰蒂。

變換體位的訣竅（以正常體位→側入體位為例）

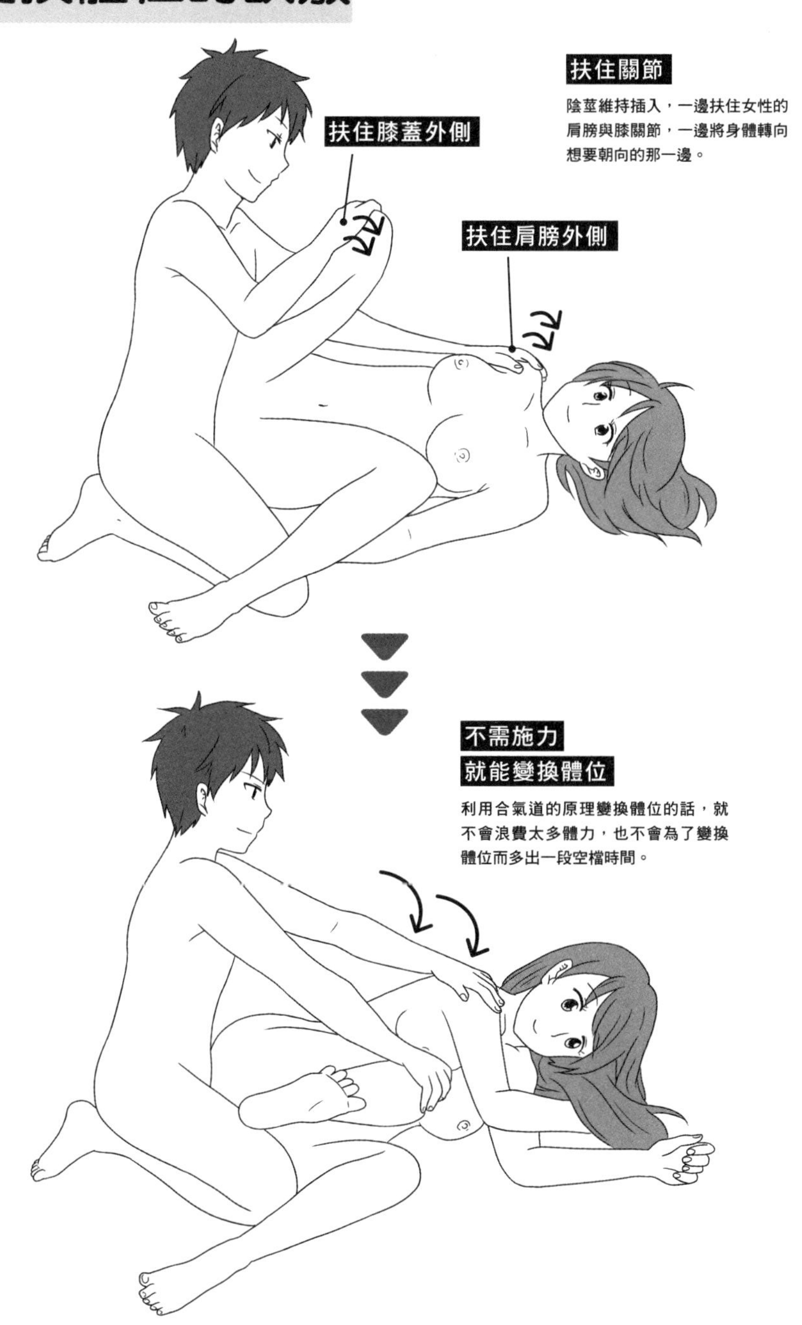

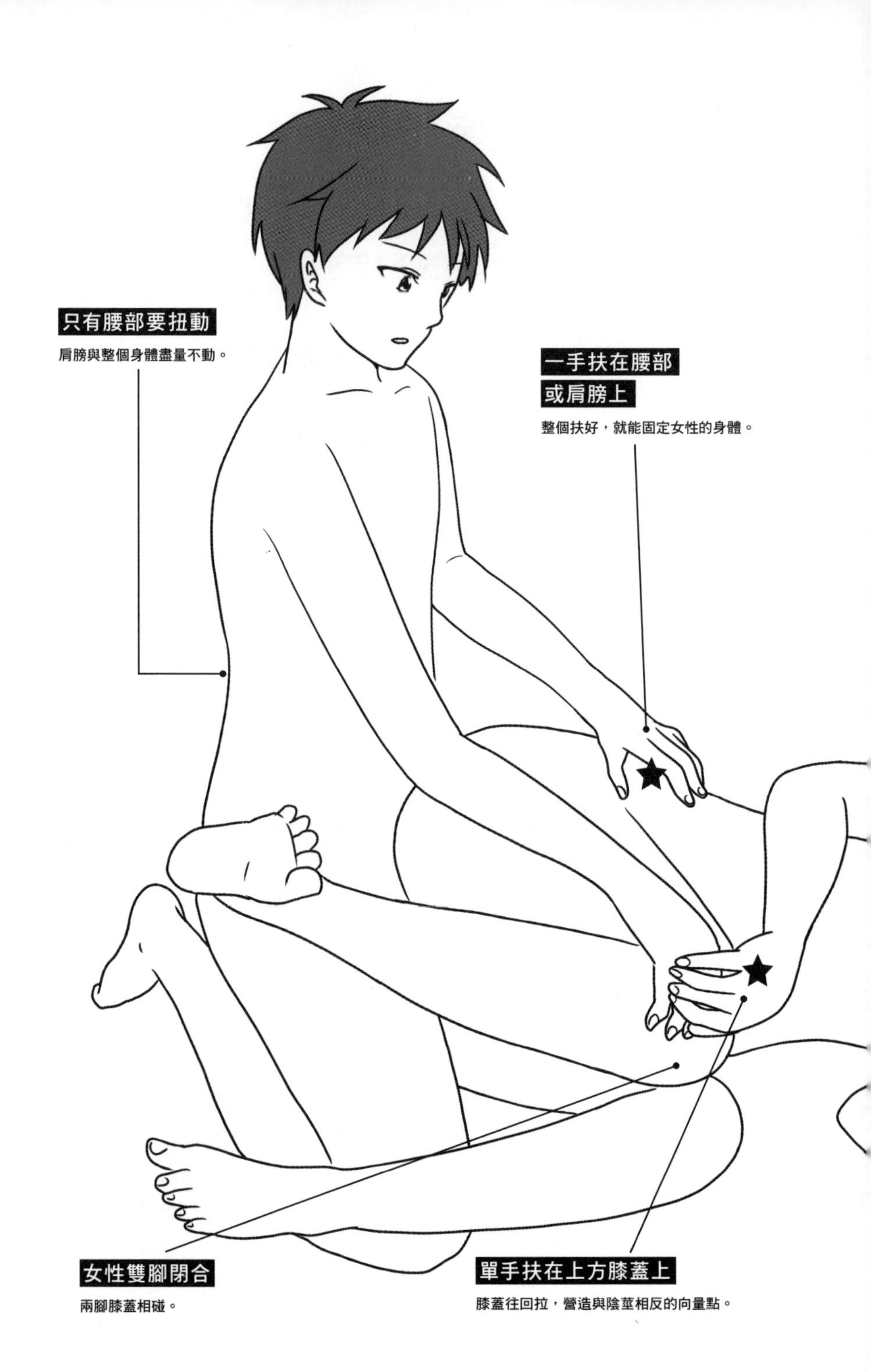
只有腰部要扭動
肩膀與整個身體盡量不動。
一手扶在腰部
或肩膀上
整個扶好，就能固定女性的身體。
女性雙腳閉合
兩腳膝蓋相碰。
單手扶在上方膝蓋上
膝蓋往回拉，營造與陰莖相反的向量點。

側入體位的基本原則

女性要雙腳閉合，朝向左右其中一方。

CHECK!

女性亦可摩撫陰蒂

陰蒂為快感點的女性亦可自己摩撫，達到高潮。

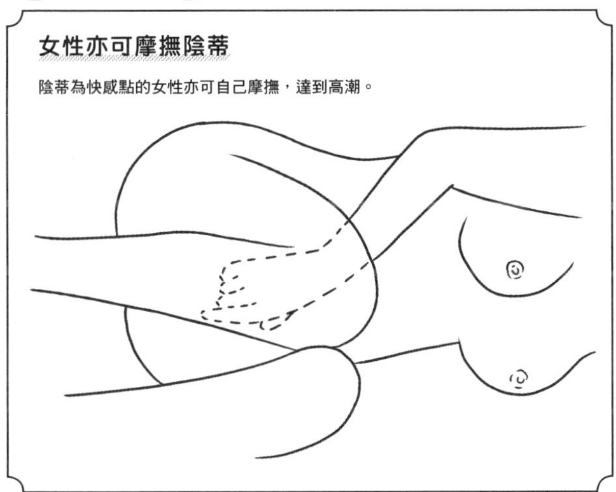

打上★的地方
是男性要壓扶的部位

側入體位的應用

女性單腳抬起，另一隻腳伸直。男女都要留意手的位置。

CHECK!

同時愛撫乳頭

其中一隻手的大拇指與無名指要分別愛撫兩邊的乳頭。這個步驟可在性愛過程當中穿插。

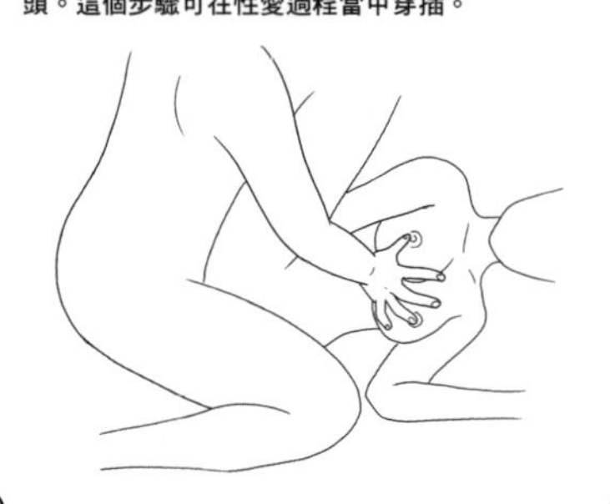

抬起一隻腳

其中一隻腳掛在男性的手臂上。

其中一隻手扶在肩膀上側

肩膀往回拉，做出往前的向量點。

另外一隻腳伸直

屈膝的話會阻礙男性活動。

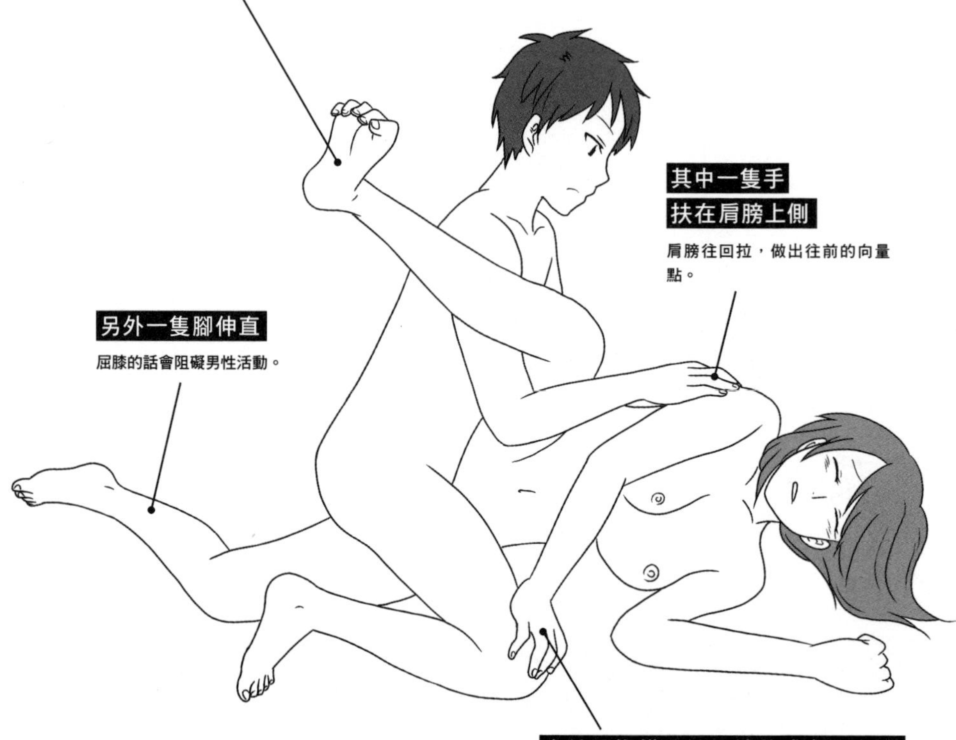

女性要撫摸男性的膝蓋或者是大腿

勿忘要一筆直下。

illustration：ありまなつぽん

騎乘體位的基本原則／應用

留意「點」與「面」

騎乘體位的活動方式可以分為上下晃動的「點」與前後搖擺的「面」這兩種動向。

這是什麼意思呢？陰莖向上頂撞刺激的是「點」，前後搖動、幾乎不用抽插的是「面」。

此時女性雙腳若是沒有擺好姿勢，動作就會變得不協調。以「點」上下活動時，基本上女性要擺出「蹲馬步」的姿勢，不可以跪在床上，因為上下活動時若是跪在床上，擺盪的振幅反而會讓身體回彈。

故女性在蹲馬步時，男性要以「點」上下晃動；女性若是跪膝，那就要以「面」來前後搖動。

所以大家一定要記住，「騎乘體位分為點與面這兩個動向」。

以「面」前後搖動的騎乘體位容易讓女性得到高潮

騎乘體位的基本姿勢如果是「面」這個類型，那麼女性就可以一邊用手挑逗陰蒂，一邊刺激子宮陰道部，算是一種容易讓女性得到高潮的體位。

而就我的經驗來看，女性容易達到高潮的體位分別為：①以「面」為動向的騎乘體位、②勞斯萊斯or站立勞斯萊斯體位，以及③正常體位。所以我們根本就不需要在體位上玩花招，只要好好掌握這三種基本體位，就能夠成為性愛班的高年級生了。

而女性在這個姿勢當中將上半身往前傾，讓兩人身體緊密貼合的話，就是騎乘體位的第一個應用型。

「點」這個類型在女性蹲好馬步之後，可以分為身體向前傾與向後仰這兩種姿勢。

但不管是哪一種姿勢，陰莖插入的角度與晃動的動作都要盡量碰撞到G點。

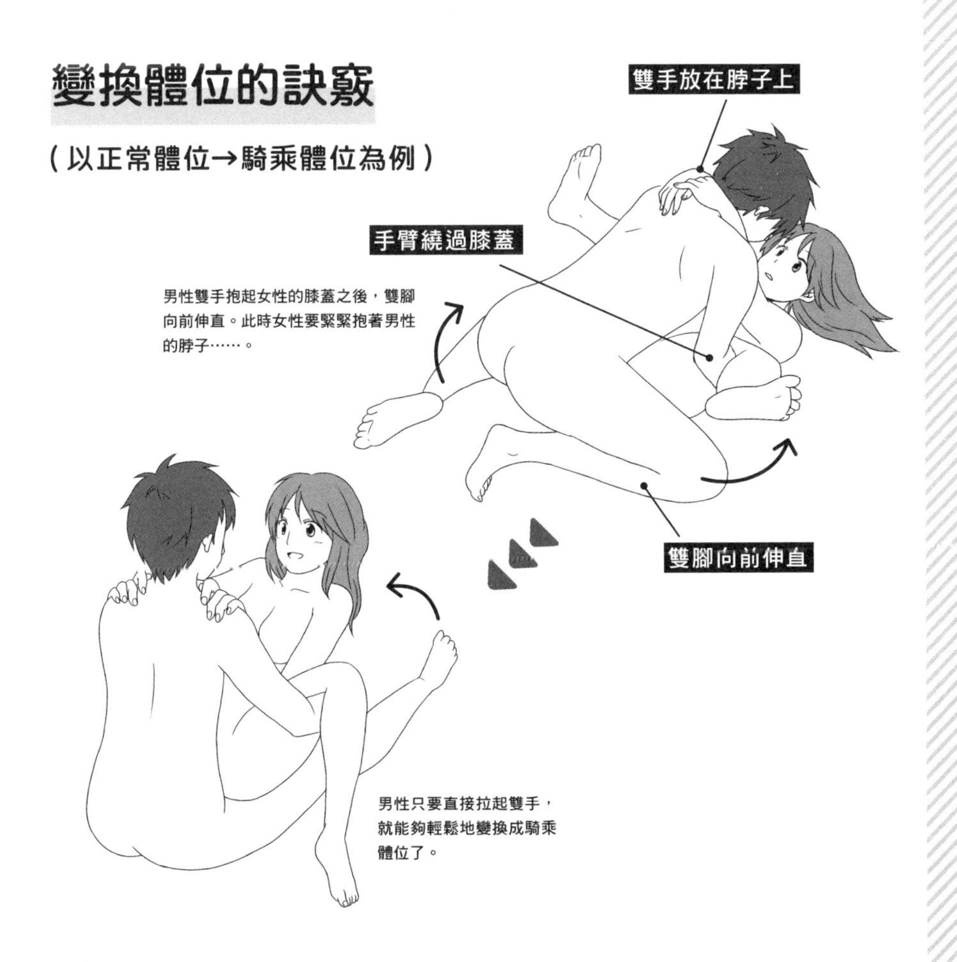

騎乘體位的基本原則

女性屈膝跨坐，男性前後扭腰。這個體位可以同時刺激陰蒂、G點與子宮陰道部，算是最容易讓女性達到高潮的體位。

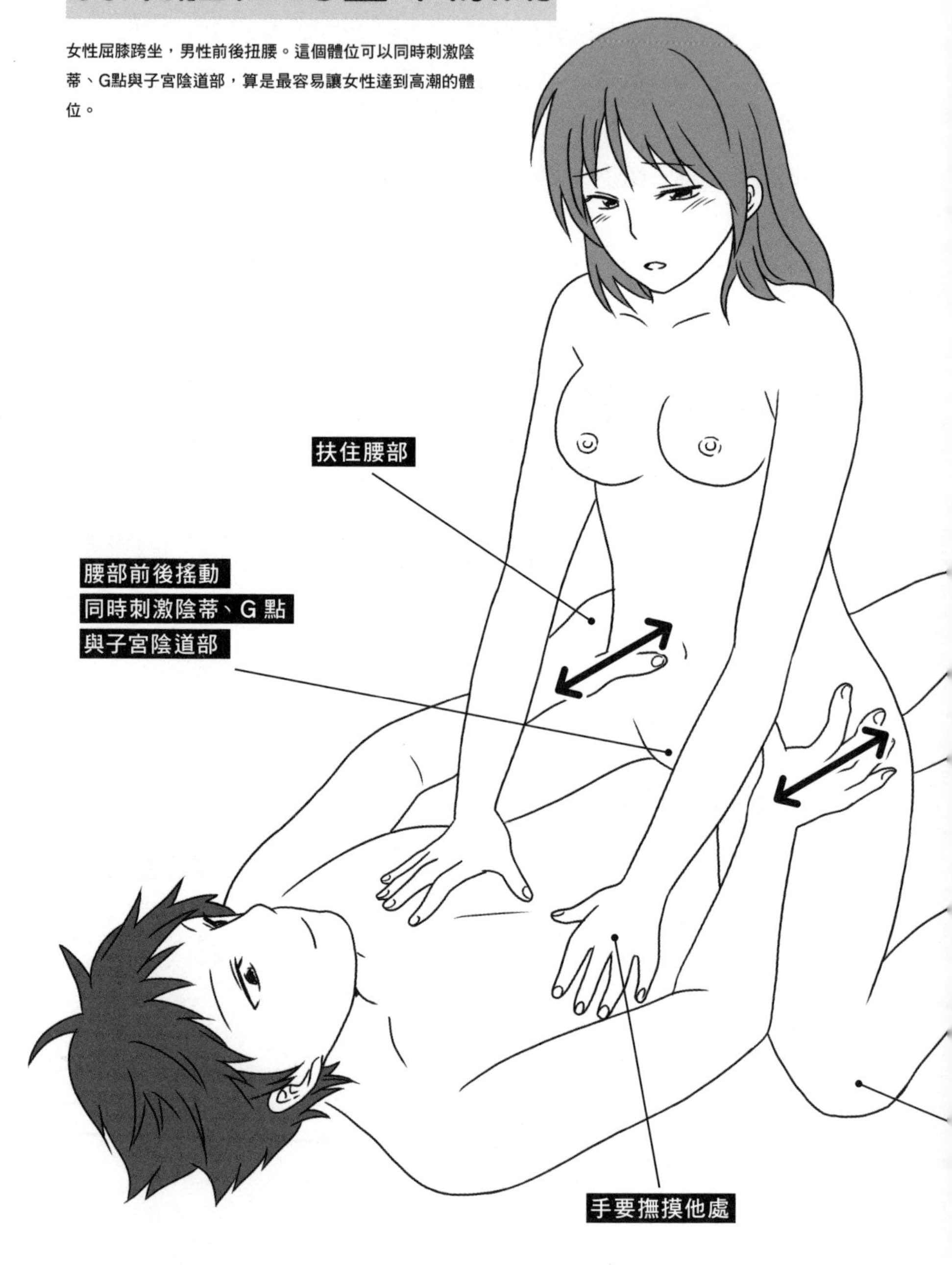

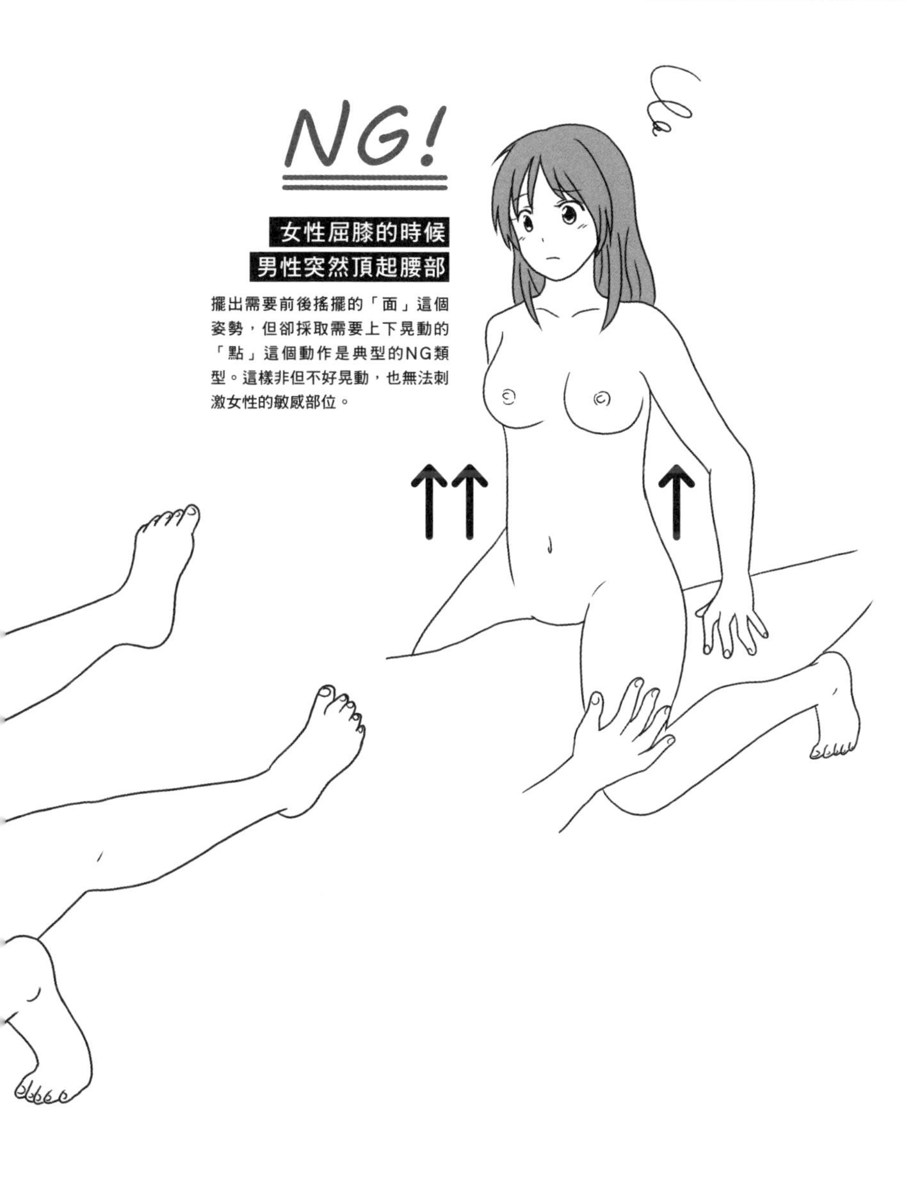

女性屈膝的時候
男性突然頂起腰部

擺出需要前後搖擺的「面」這個姿勢，但卻採取需要上下晃動的「點」這個動作是典型的NG類型。這樣非但不好晃動，也無法刺激女性的敏感部位。

騎乘體位的應用①

女性上半身往前傾，讓兩人的身體緊密貼合。重點在於男性的手要繞到女性的後腰上，按住骶骨（相當於脊椎的基部，也就是位在骨盆的大三角形骨）。

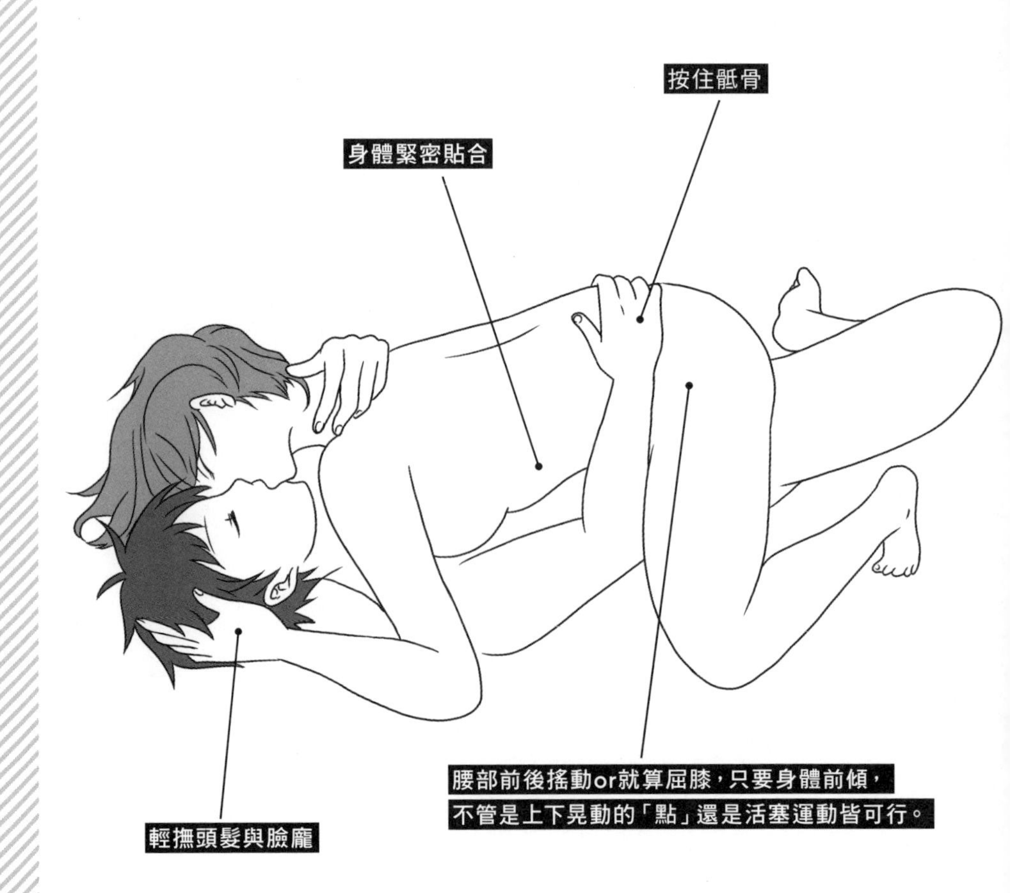

騎乘體位的應用②

女性以蹲馬步的姿勢跨坐在男性身上。男性拱起腰的時候，可一邊觀察女性的反應，一邊調整陰莖插入的角度。

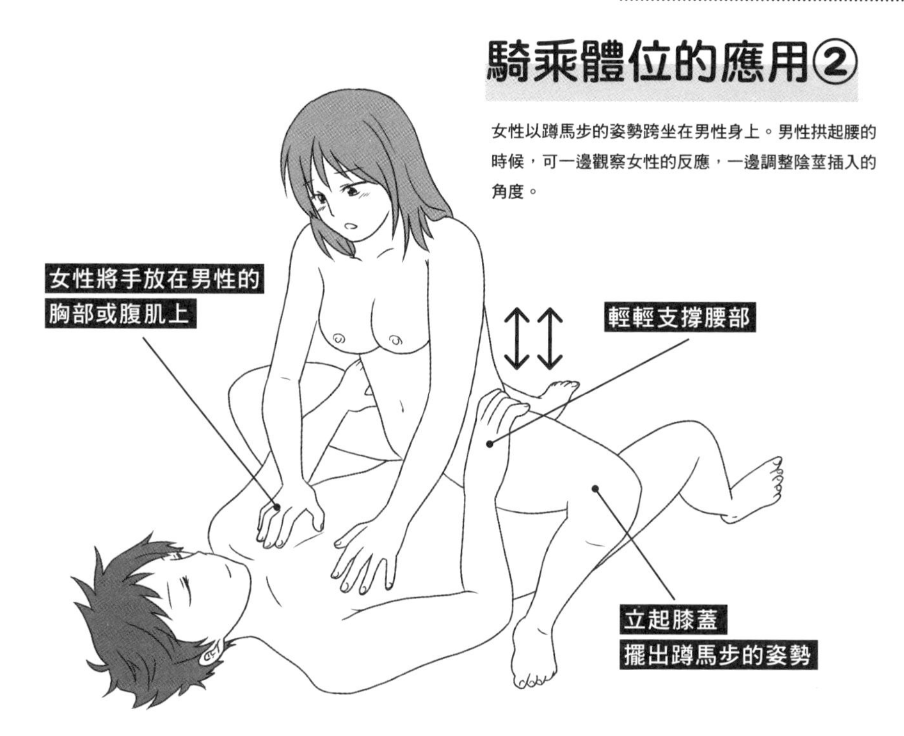

騎乘體位的應用③

女性立起膝蓋，雙手往後撐好讓上半身後仰的理由，是為了讓陰莖碰到G點。只要善用體重下壓，就能夠描繪出經由G點通往子宮陰道部的軌跡了。

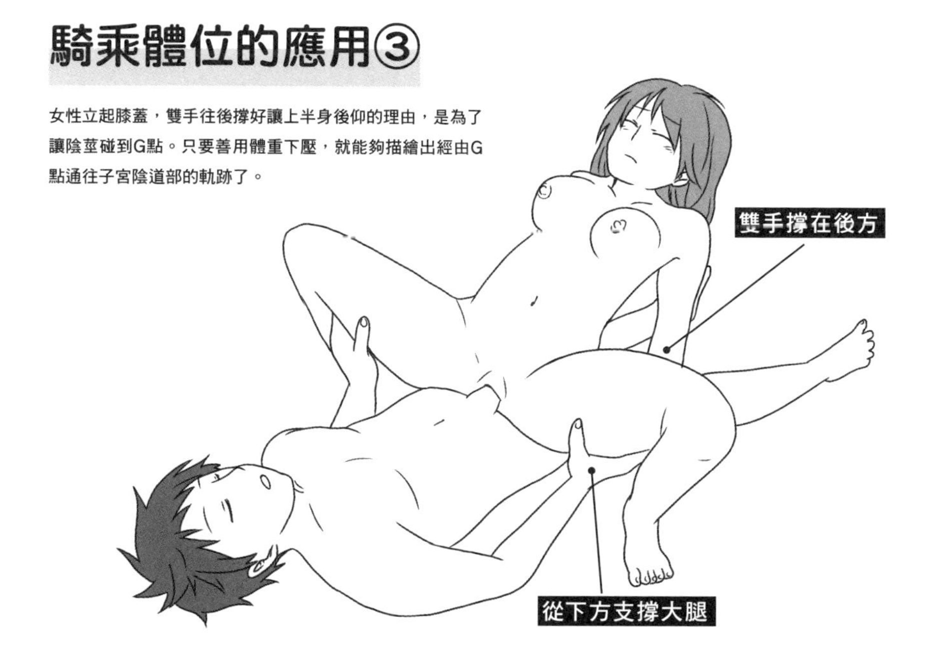

坐姿體位

女性膝蓋務必立起的姿勢！

坐姿體位的基本原則，就是兩個人在坐的時候要面對面。

採用這個體位時，女性最好不要跪膝，因為這樣男性會不好活動，導致兩人都無法得到舒爽的感覺。

面對面時會忍不住想要把身體靠在對方身上，可是這樣反而不好活動。剛開始為了得到密切感與幸福感而這麼做無妨，不過女性腰部要慢慢隨著動作而遠離，保持適當距離之後，男性便可扶著女性的脊骨或骶骨，以便固定身體。

就坐姿體位而言，女性會因為身體牢牢固定而動彈不得，此時只能100%依靠男性抽動了（有種性愛技巧是要採用坐姿體位的姿勢，扶著女性的骶骨進行騎乘體位，但在此省略不提）。此時陰莖要像勾住陰道口般，讓拉力經由G點抵達子宮陰道部。

提到這個坐姿體位，其實我在做的時候動作會非常緩慢，甚至慢到有人對我說：「頂住的感覺跟我以前體驗過的完全不一樣，從前的我根本就不知道坐姿體位要怎麼動，一直到現在你這麼做了之後，我才明白原來要這樣。」

進行坐姿體位時，男性的手要扶住女性的背，以免對方往後仰。而女性也要把手繞到男性的背後，這樣兩人姿勢才會穩定。

而最重要的，就是陰莖與女性性器之間要保留一個拳頭大的距離，這樣男性才會更容易抽動身體。

習慣擺動的姿勢之後，就能夠保持軌跡，親吻對方或愛撫乳房。所以就請大家一邊累積經驗，一邊熟悉這個體位吧。

女性跪膝

女性跪坐或是整個趴坐在對方身上的話，反而會讓男性動彈不得。

坐姿體位的基本原則

女性膝蓋立起，擺出蹲馬步的姿勢，腰部稍微往後，兩人身體不要緊貼在一起，雙手放在彼此的背後。

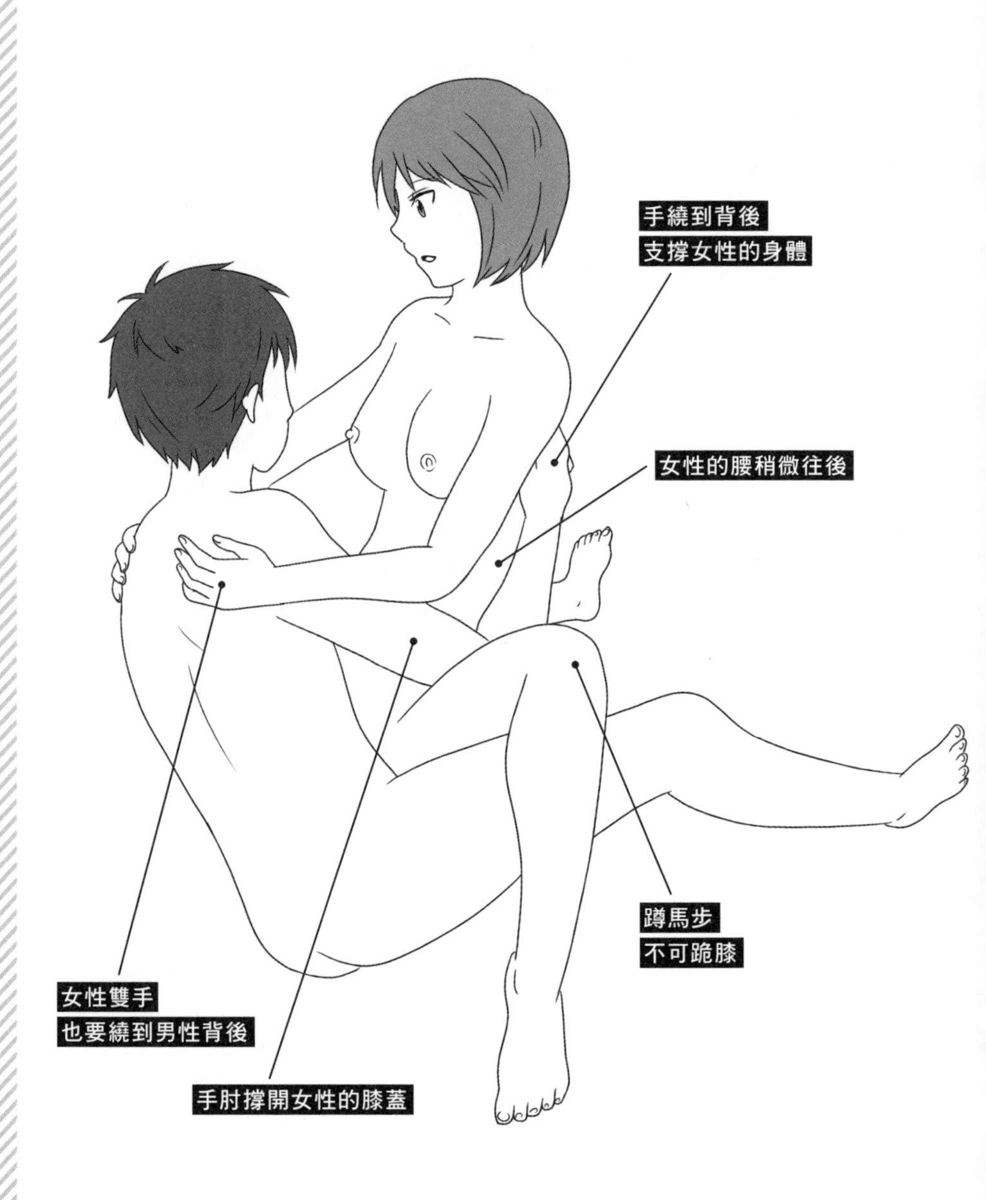

illustration：只野さとる

陰莖與陰道口之間保留一個
拳頭的距離會比較好活動。

後背體位的基本原則／應用

膝蓋角度，決定好壞

有些女性會埋怨「後背體位好難做喔」、「從後面來根本就不舒服」，然而這都是因為她們絕大多數不是呈現雙腳內八、背部隆起導致陰道口朝下、身體伸展時左右不對稱，不然就是因為膝蓋與腰部的角度太大才會如此。這些狀況即便透過文字也不容易說明，因此大家可以參考圖片。

想要解決這個問題，那就要利用腳跟的重心擺出外八字、肛門儘量朝向天花板，再不然就是留意腰部與膝蓋的角度。

另外，有的人會說「後背體位會把子宮內部弄疼」，其實那是因為男性在進行活塞運動的時候，方向與陰道平行的緣故。插入時只要有個角度，稍微有點用勾的，不管是誰，都能好好享受後背體位所帶來的極致快感。

至於後背體位的應用，最受女性青睞的就是男女都臥趴的「臥趴後背體位」。

AV片在拍攝時亦經常出現這個在女性心目中人氣度頗高的體位，只是這個體位的姿勢幾乎看不見女性的身體，所以在AV片當中通常都會被剪掉，不會收錄在影片中。

移轉至「跪坐後背體位」時要維持插入

後背體位的基本姿勢，就是女性腰部要稍微放低，膝蓋要盡量曲成銳角。至於男性則是要下壓女性的骶骨，以便固定女性的腰部。

應用上，在保持插入的狀態之下讓女性跪坐，並且整個人往下趴的「跪坐後背體位」亦值得推薦。但在這種體位之下陰莖一旦抽出，再次插入恐不容易，要注意。

採取跪坐後背體位時，男性的手可以放在乳房、肩膀、乳頭或者是陰蒂上，變化非常豐富。所以就讓我們一邊觀察女性的反應，一邊臨機應變，挑逗各個部位吧。

另外一個應用體位就是「站立後背體位」，關於這個體位將會在P.128詳細說明。這是一個非常容易陷入NG狀態的體位，所以大家一定要認真看、好好學。

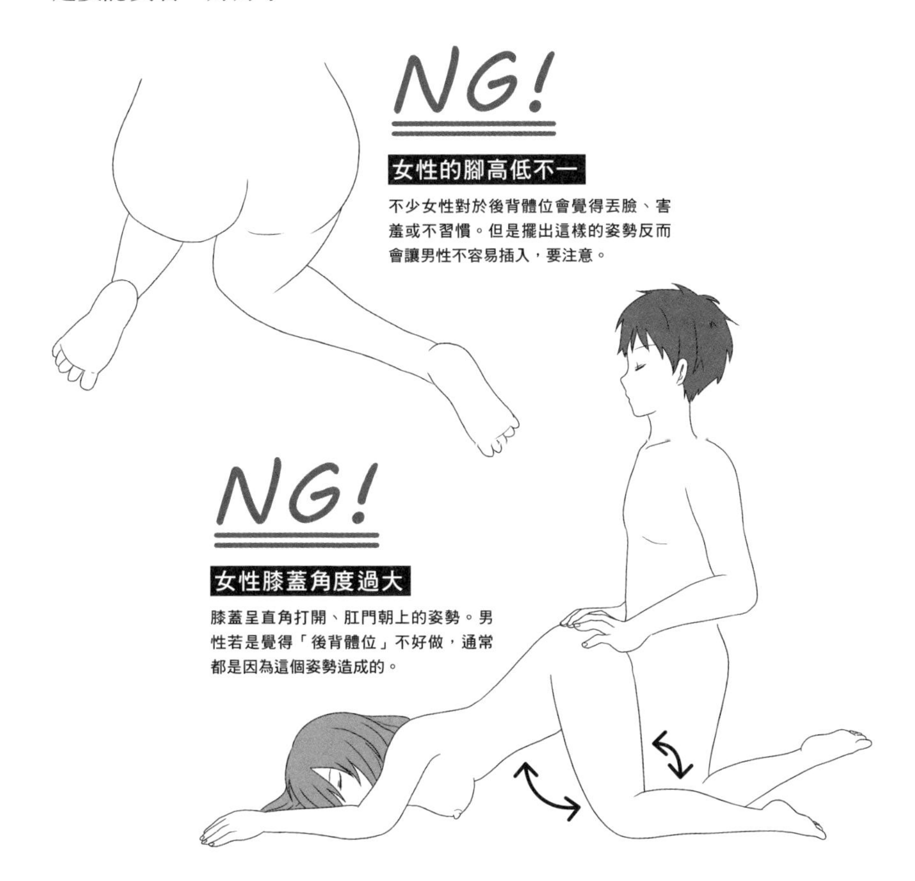

後背體位的基本原則

最重要的一點，就是女性的膝蓋要盡量曲成銳角。有時陰莖碰撞的部位會讓女性感到疼痛，因此男性要仔細觀察女性的反應，盡量不要霸王硬上弓。

CHECK!

撥開臀部，使其濕潤

雙手撥開女性的臀部，用陰莖磨蹭陰道，使其變得濕潤的性愛技巧。雖然感覺沒有那麼舒適，但可當作變化球，適時利用。

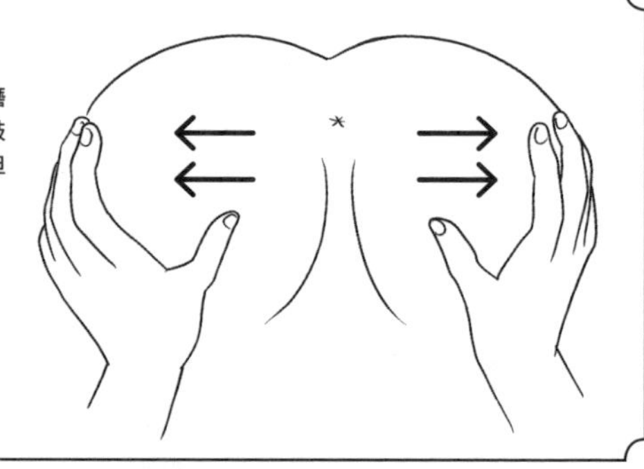

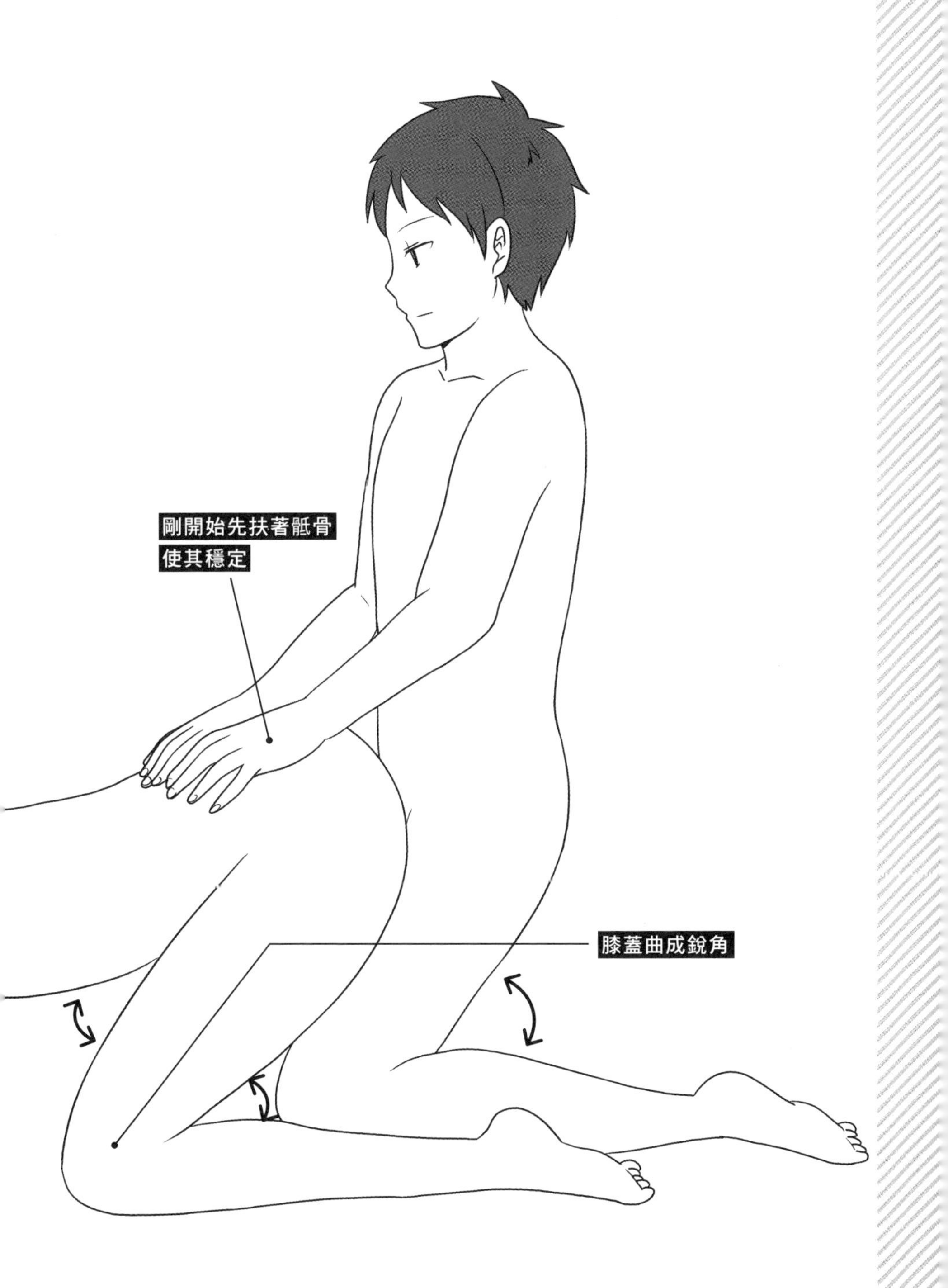
剛開始先扶著骶骨
使其穩定
膝蓋曲成銳角

後背體位的應用①

女性跪坐向前趴，俗稱「跪坐後背體位」。

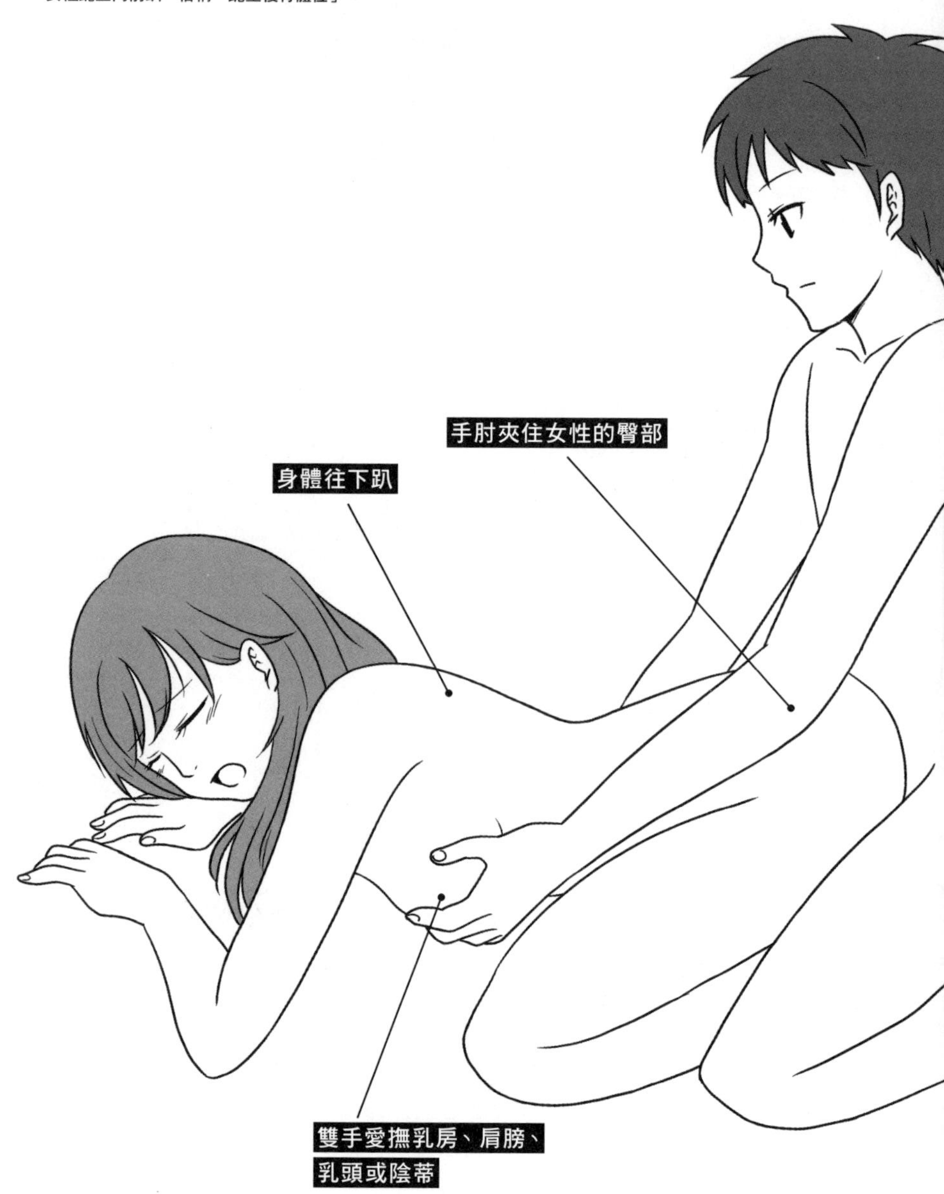

CHECK!

男性雙手擺放位置的範例

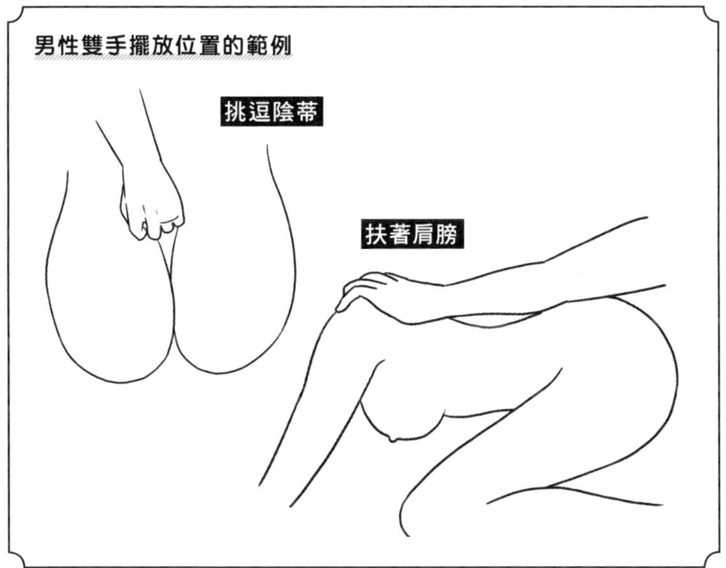

後背體位的應用②

讓女性感受最為強烈的體位之一是「勞斯萊斯體位」，亦即男性雙腳將女性雙腳夾在內側，並讓女性以跪坐的姿勢挺起上半身。如此一來陰莖會頂住陰道，並且經由G點，直達子宮頸前側的子宮陰道部。

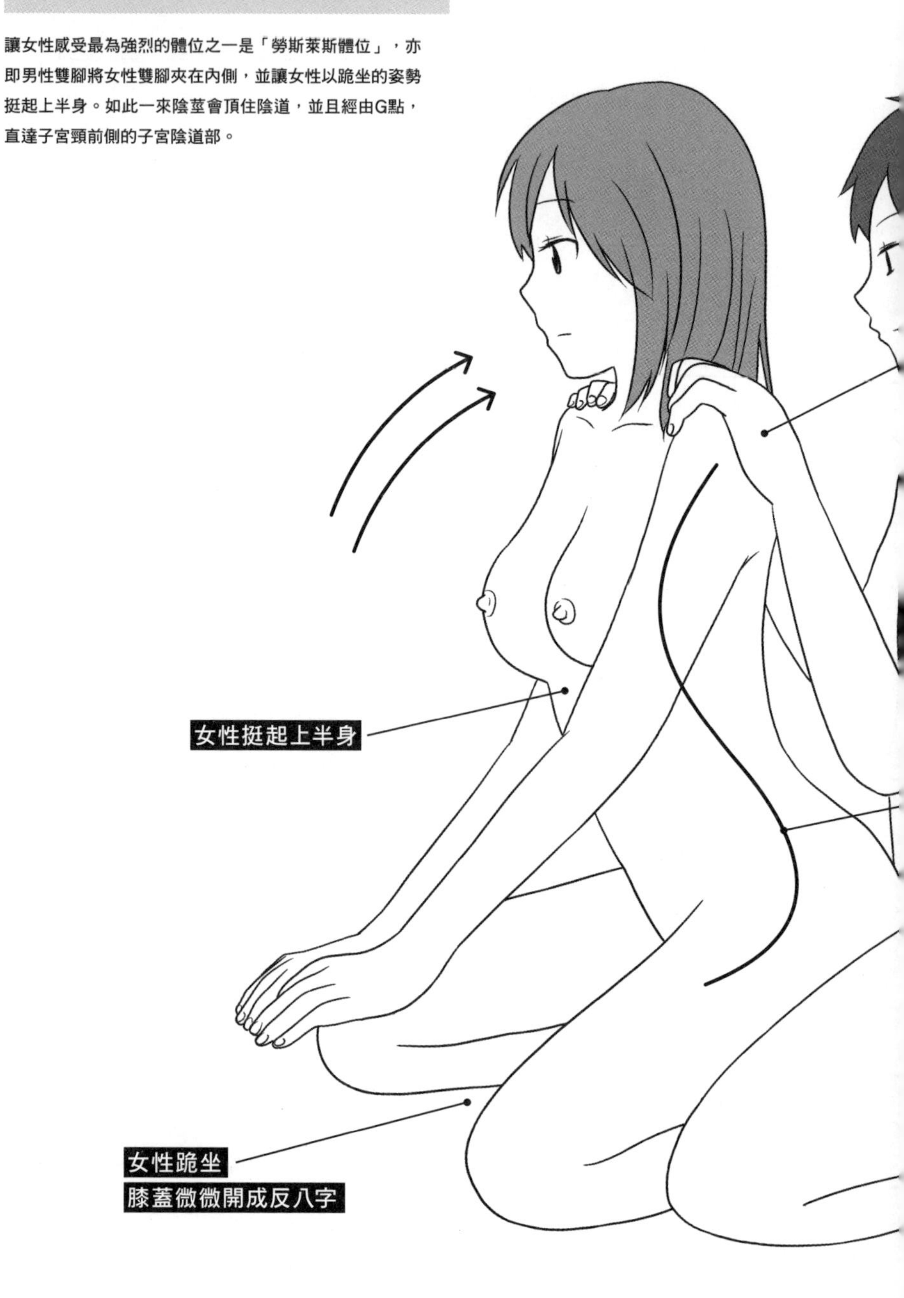

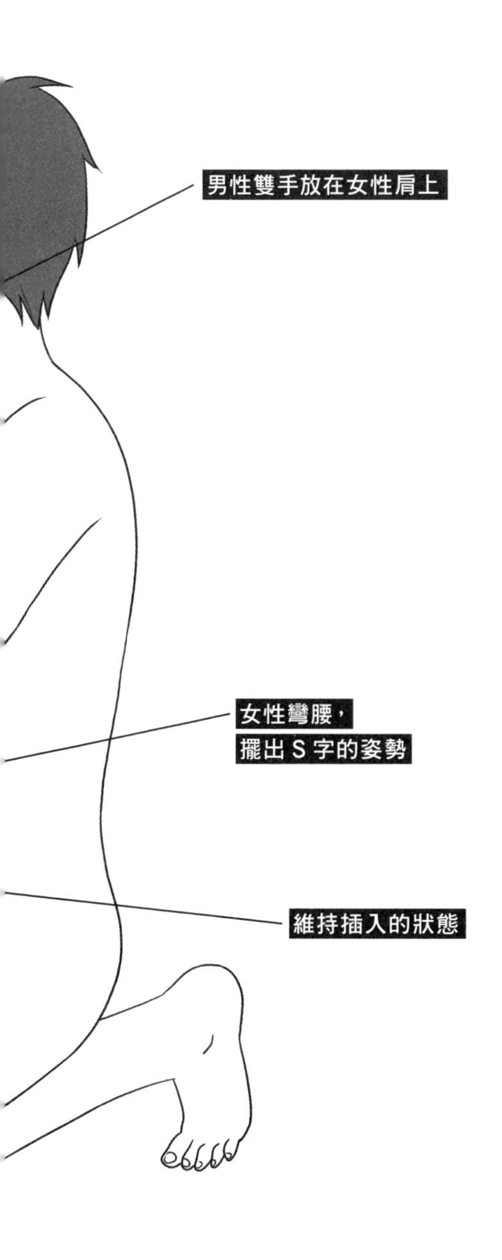
男性雙手放在女性肩上
女性彎腰，
擺出 S 字的姿勢
維持插入的狀態

後背體位的應用③

基本上彎腰的時候臀部要盡量朝向天花板，並且利用腳跟的重心讓膝蓋朝外，呈現外八字。女性若不彎腰，陰道口就會朝下，如此一來男性若不施展技巧，恐怕會難以插入陰道，請多加留意。

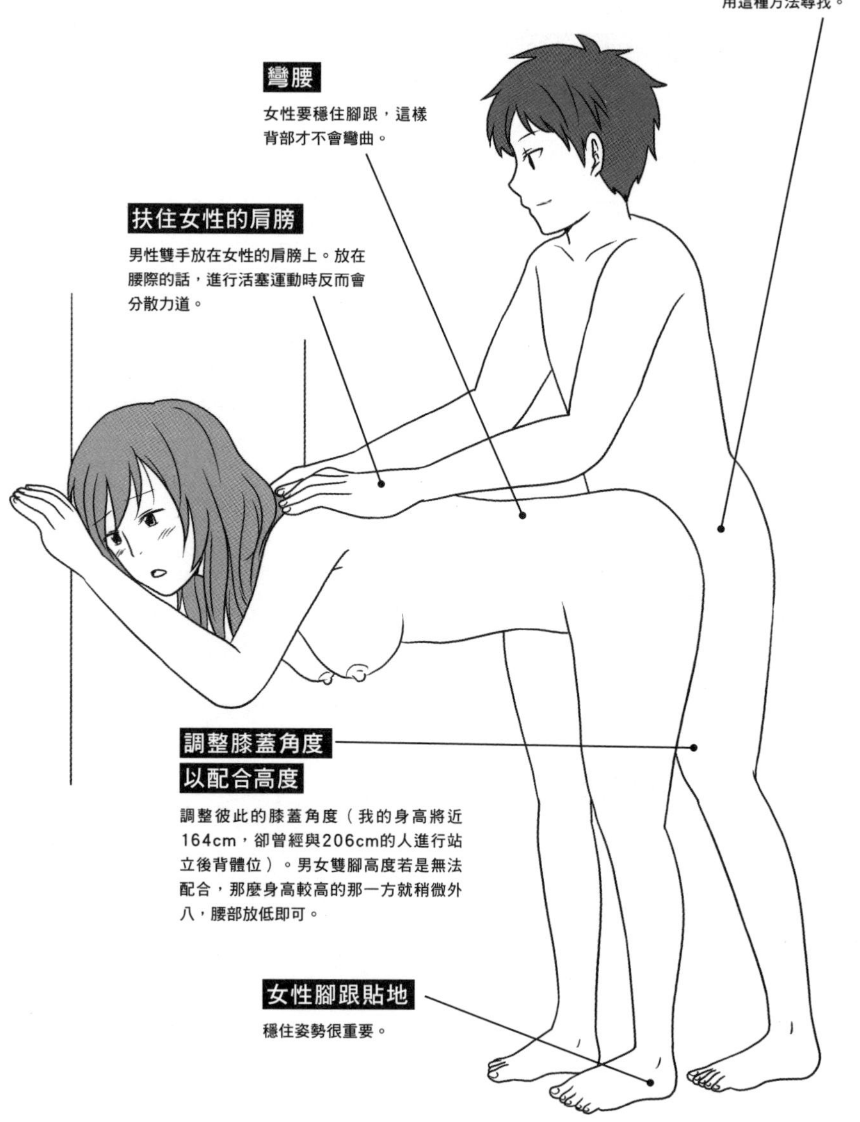

站立勞斯萊斯體位

「勞斯萊斯體位」的站姿版本。

上半身若能後仰那更好。
不過朝下也 OK

女性上半身往後仰，腰要整個彎下去（讓上半身呈S字），或者是彎腰讓上半身朝下，擺出肛門朝上的姿勢也可以。

腰部整個往下彎

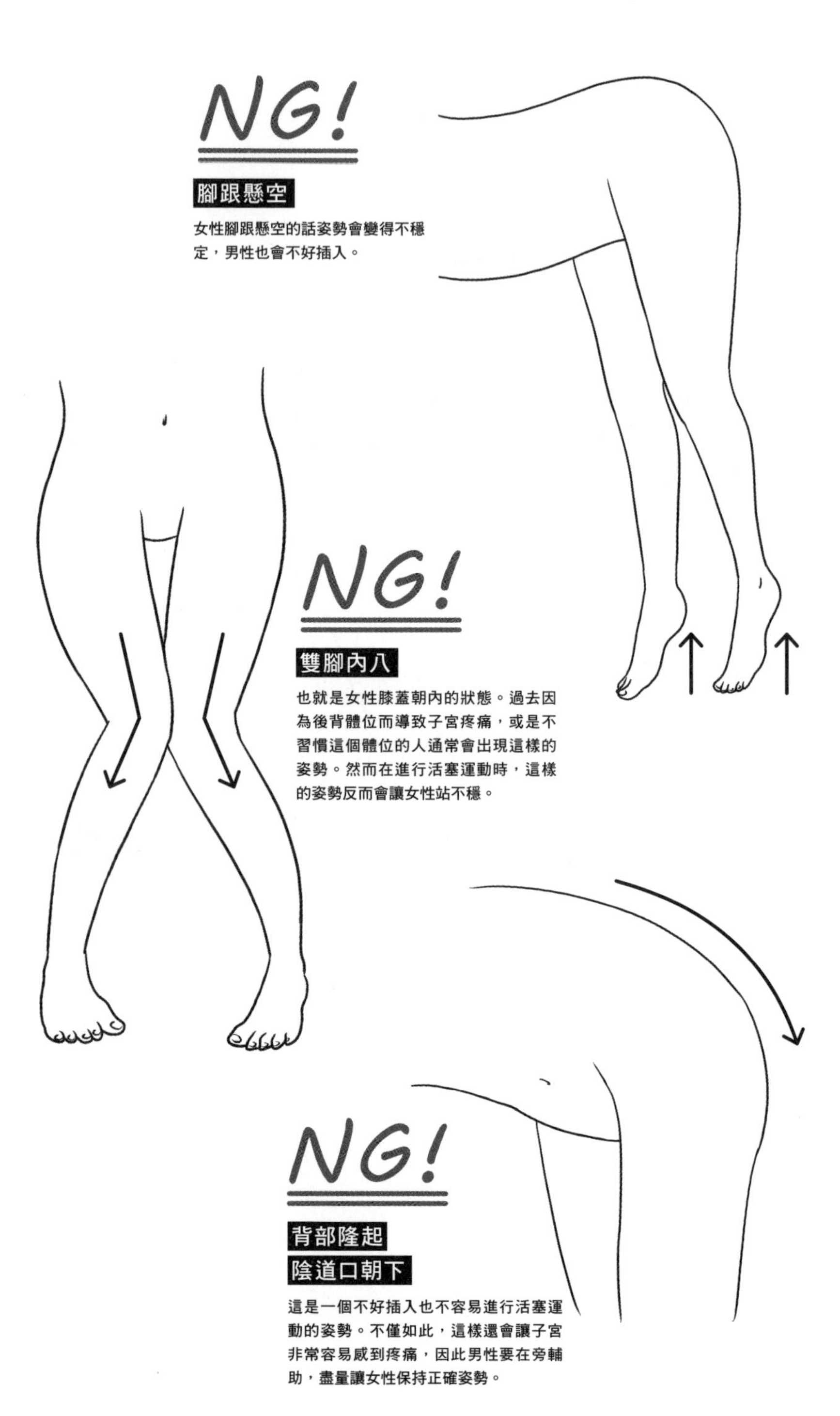

NG!

腳跟懸空

女性腳跟懸空的話姿勢會變得不穩定，男性也會不好插入。

NG!

雙腳內八

也就是女性膝蓋朝內的狀態。過去因為後背體位而導致子宮疼痛，或是不習慣這個體位的人通常會出現這樣的姿勢。然而在進行活塞運動時，這樣的姿勢反而會讓女性站不穩。

NG!

背部隆起
陰道口朝下

這是一個不好插入也不容易進行活塞運動的姿勢。不僅如此，這樣還會讓子宮非常容易感到疼痛，因此男性要在旁輔助，盡量讓女性保持正確姿勢。

illustration：戸ヶ里憐

交談要簡短

對話冗長只會削弱對方的專注力

做愛的時候話一旦變多，對方就會想要理解句意，如此一來反而會無法專心。因此我都會盡量長話短說，例如：「如何？」、「這裡？」等等。

但就現實而言，倘若對方性致正盛，反而會覺得「現在是聊天的時候嗎？」如果女性回覆了一長串，極有可能代表她不是還沒進入亢奮狀態，就是在假裝高潮。

營造容易說「NO」的環境很重要

常有人在做愛做到一半的時候問對方「爽嗎？」這麼做其實不太好，因為這樣對方只能回答「嗯」、「很舒服」。

坦白說，能夠營造一個容易讓對方說「NO」的環境的人，才稱得上是性愛行家。

所以在詢問時要掌握一個訣竅，那就是要語帶擔心地問對方「會不會痛？」、「會不會太用力？」、「還可以嗎？」如此一來對方就會覺得「自己受到重視」，要是覺得「有一點痛」、「稍微有點用力」，也比較容易坦誠告知。

採用容易說「NO」的問法！

「爽嗎？」、「有感覺嗎？」這種問法會讓女性難以回答「不」。但若改成「會不會痛呢？」這種擔心對方的問法時，女性反而比較容易坦白。

感覺若是來了，對話就會變短

浸淫在性愛之中時，根本就沒有時間思考複雜的事，兩人之間的對話當然就會變短。所以當我們在問問題時，盡量不要分散對方的注意力，字數盡量控制在「五個字以內可以確認的答案就好」。

溝通②

表達自己的想法

執著帥氣與自尊會吃虧！

平常我們總是吵著說「想這樣」、「想那樣」，可是真正到了要做愛的時候，衝到嘴邊的話卻又整個吞下去。這樣的女性是不是很常見呢？

如果是因為「害羞」而難以啟齒的話倒還沒關係，但若是因為不安而覺得「這個問題會不會太奇怪？」、「說出來的話搞不好對方會討厭我？」而說不出口的話，那麼就算肉體一絲不掛，心靈也是無法坦承以對的，而這樣也只會讓感受舒適性愛的機會漸行漸遠。

我常在說「最理想的就是第二次比第一次精彩，第三次又比第二次棒」。所以就讓我們多累積一些經驗，讓兩人的心坦承相對，互相坦白心中的想法吧。

性愛並不是只要把陰莖插入陰道裡就好。兩人之間必須奠定一層可以互相坦承、慶幸自己是和這個人在一起的關係，這才是性愛。

明確表達想法，男性也會欣慰

傳遞想法時，不妨將心中所想的念頭明確表達出來，例如「再上面一點」、「再多做一點」。對方若是回應自己的要求，就心懷感謝，讓對方知道「對！就是那裡！好舒服喔！」因此，「自己訪問自己」非常重要，這樣才能知道自己哪個部位要怎麼做才會覺得舒服。

以男性的立場來看，會非常欣慰對方願意坦誠想法，因為這代表對方已經接納自己。若能聽到積極主動的字眼，與對方心靈相通的感覺就會更加真實，喜悅當然也會倍增。

不經意地誘導

例如想要對方觸摸陰蒂時，
就不經意地拉起男性的手。

告訴對方心中想法

女性將心中想法告訴對方一點都不可恥，也不丟臉。只要稍微鼓起勇氣說出來，就能夠讓性愛更加舒爽。

illustration：只野さとる
那裡好舒服喔♥

「假裝高潮」是結束的開始

除非要保護自己，否則不應這麼做

女性「假裝高潮」的理由，恐怕是：

「不假裝高潮的話，這個人就不會達到高潮、會被他弄疼、會沒完沒了的」

幾乎都是為了保護自己才這麼做的。

完全不懂對方的心，還讓對方擔心自己，這樣的男人所做一舉一動，說穿了根本就是在「利用對方的身體自慰」。

沒有必要堅持高潮

只要假裝高潮，對方就會開心滿足。如果你是這麼想的話，那就大錯特錯了，因為這麼做只會讓對方誤以為「這個人要這麼跟她做會達到高潮」，如此一來兩人若是交往下去，這個謊言就必須一直說下去才行。

靠謊言維繫的關係是不會長久的，總有一天會因為疲於說謊而分手。即便有一天分道揚鑣，那個男人也會把這錯誤的觀念冠在下一個女性身上。

而對此深信不疑的男性若是碰壁，就會以為「咦？以前這樣做明明可以讓她得到高潮的說」而非要讓對方達到高潮才肯罷休的話，只會在女性心中留下痛苦的回憶。

沒錯！所以我才會說，假裝高潮是「結束的開始」。

就算自己沒有達到高潮、無法得到高潮，也無法讓對方達到高潮，都不需要為此感到罪惡。性愛最重要的，是讓身心得到滿足。

若是「想要達到高潮但卻做不到」的話，不妨互相討論，看要怎麼做才會比較容易達到高潮，兩人一起探索吧！

不可假裝高潮的理由

會導致男性觀念產生錯誤，而且只要持續交往，謊言就必須一直說下去。所以女性一定要牢記一點，「假裝高潮是結束的開始」。

不需過於執著「高潮」

有的人會因為對方達到高潮而感到心滿意足。但勿深信性愛的終點是高潮。

控制射精的方法

如何告訴對方要射精了

有的女性反應，男性快要射精的時候若是一語不發，就會覺得自己好像被人拋棄般寂寞。但若是問對方「可以射精嗎？」的時候，女性根本就沒有餘地可以說「NO」，所以在快要射精之前，不妨利用約走五步路時間簡短告訴對方「快要射了」、「好像快射出來了」。

此時女性若是露出非常空虛寂寞的表情，或者對你說「不行」的話，那就只能盡量迴避射精了。

控制意志

快要射精的時候，對方之所以會說「不行！」而逼迫你不得不往後推遲，是因為你在女性快要達到高潮的時候先射精。如果能夠依照前文所說的，利用走五步路的時間提前告知的話，對方就可以趁機修正活塞運動的軌跡。

而男性之所以一下子就射精，原因在於「興奮過度」。

我們這些AV男優比較適合早洩。因為就算早洩，注意力也會因為「等等要用那個體位」，或者是思考燈光與攝影機的位置而變得散漫，所以自然而然就會拉長射精的時間。

也就是說，AV男優並不是在控制射精的時間，而是在「控制意志」。因此只要導演發出「可以射精了喔」的指令，早洩就會在這個時候發揮本領，此時將精神集中在眼前的那位女性身上，就能夠立刻傾洩而出。

要怎麼做才能夠控制意志呢？答案就是「仔細觀察對方」。

上一章我們提到，只要透過五感，也就是表情、體溫、聲音、氣味與味道，應當就能看出對方在想什麼、在尋求什麼了。如此觀察不僅能夠與對方心靈相通，還能夠發展出一場舒適難忘的性福之愛。

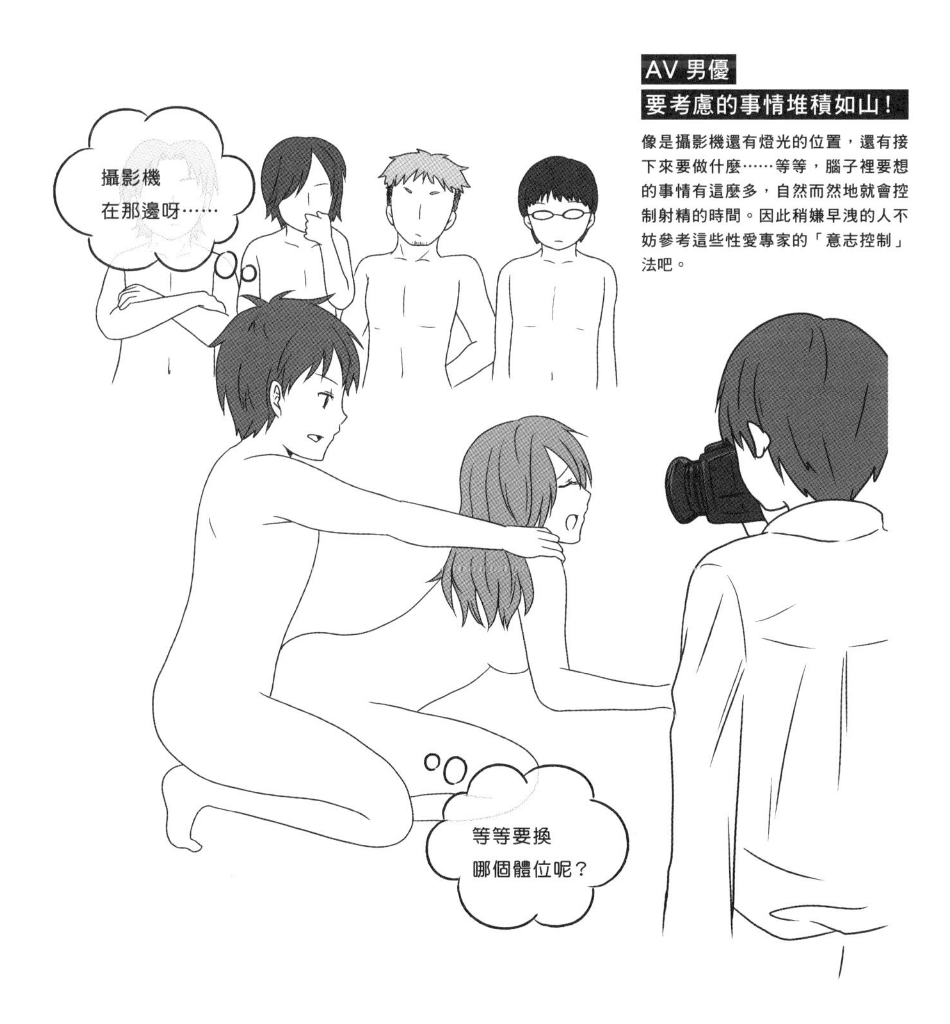

AV男優
要考慮的事情堆積如山！

像是攝影機還有燈光的位置，還有接下來要做什麼……等等，腦子裡要想的事情有這麼多，自然而然地就會控制射精的時間。因此稍嫌早洩的人不妨參考這些性愛專家的「意志控制」法吧。

清水健式 性愛檢定❶

答案 & 解說

Q.1 陰莖越大，做愛就越舒服。

性愛感覺舒爽與否，與陰莖大小無關，重點在於怎麼利用陰莖來達到高潮。就算擁有巨屌，但卻少了善盡其用的技巧，反而容易把女性弄疼，照樣扣分。

Q.2 女性達到高潮時會潮吹。

怎麼會潮吹，根本就毫無任何改變。而且潮吹只會把床單弄濕罷了。

Q.3 性愛越是舒爽，啪啪聲就越大。

AV片裡是刻意讓啪啪聲大到在觀眾耳邊迴盪，陰莖根本就沒有伸入深處，只是利用大腿撞擊臀部來發出聲響。真正令人舒爽的性愛是幾乎不會發出任何聲音的。

Q.4 戴保險套最主要的理由是「避孕」。

這個問題非常容易讓人答錯，預防性病才是最佳理由。 戴上保險套固然能有效避孕，但端視男性是否佩戴妥當。

Q.5 每次性愛都是個別事件，無論完不完美都不需耿耿於懷。

一旦耿耿於懷，就會想要與上一次比較。但是性愛並不是用來比較的，而是要在當天呈現最好的自己！順帶一提，一邊回憶過去美好的性愛一邊自慰，充其量只是在「浸淫於過往的餘韻」。

Q.6 女性進入男性家中就代表能與她做愛。

明知毫無關聯，卻還是有男人會撲過來。要小心。

○

Q.7 所謂無性，是指「在沒有任何理由的情況之下超過一個月沒有性生活」。

日本性科學會所下的定義。已婚者中約有47%過著無性生活。

○

Q.8 沒有性生活並不等於愛已逝。

即便是無性生活，同樣也是有完美的無性生活，以及差勁的無性生活。無性生活完美與否，端視平常是否能如實地將心情與感情傳遞給對方知道。因此，無性生活絕對不是一件「不幸」的事。

Q.9 想要解決無性生活，彼此都要努力讓自己變得更有魅力。

「好不容易瘦下來的說」、「明明就叫她打扮得漂亮一點」……其實這些都跟解決無性生活毫無關聯。因為要求越多，隨之而來的失望就有可能越大，所以還是讓我們先與對方針對無性這件事好好談談吧。

Q.10 口交時含得越深就越舒服。

硬是含到深處，咽喉觸感較硬的皮膚只會把陰莖弄疼。其實唾液與接觸面積的多寡才是舒爽程度的要因。

Q.11 女性的高潮100%可以看穿。

有些女性在達到高潮時，身上會出現性潮紅（性紅暈，Sex Flush）、帳篷效應（Balloon）與陰道口腫脹緊縮（Platform）等現象……尚未闡明的地方其實不少。

STEP.4

激情過後的後戲

STEP.4

後戲①

賢者時間要準備齊全

透過行動，表達感謝與愛意

激情過後，女性通常會觀察男性的一舉一動＝後戲，因為她們會趁這個機會確認對方「是否會好好珍惜自己」。

能夠控制後戲的人，就能夠掌握女性的心。沒有下一場性愛，或者激情過後就被拋棄的男人，通常都是因為這場後戲沒有好好做。因為對這種人而言，射精＝終點。

倘若有心要讓女性感到幸福，那就要用行動表示感謝與愛意。

至於後戲順序，我會建議大家：

①先用面紙幫對方擦身體，再擦自己的身體
②為她蓋上毛巾
③遞水給對方喝
④躺在她身旁

激情過後女性性器會變得非常敏感，此時可以抽張面紙（濕紙巾也可以），輕輕放在對方胯下，順便幫她遮蓋私處。喝水時，女性喝過之後再喝。總之在採取任何行動之前，凡事都要女士優先。

之後臥躺在旁，「輕輕」觸碰身體，例如肩並肩，或者是手牽手。自然觸摸是關鍵

凡事都要女士優先！

激情過後男性若能溫柔以對，定能讓對方魂牽夢縈。臥躺在旁之前的每一個步驟，都要秉持女士優先這個原則。

觸碰某個部位

臥躺在旁時觸碰身體某個部位，就能讓女性感到更加平靜與幸福。

輕碰手背也可以。

illustration：ありまなつぽん

STEP.4

後戲②

女性也有賢者時間！

性愛是為了愛還是為了性？

激情過後的女性，可以分成兩種類型。有八成的女性會希望對方能夠繼續撫摸，有兩成則是會進入賢者時間，「啊，不需要這麼做」。

女性的態度，會隨著做愛地點不同而有所改變，端視對方是因為感情在做愛，還是以肉體在做愛。例如因為「喜歡你！」、「想要更加幸福！」的女性，或者是感到寂寞難耐的女性，在激情過後通常都會希望對方能夠陪伴在旁。

相反地，激情過後男性若是臥躺在貪圖肉慾（＝只是為了謀求歡愉而做愛）的女性身旁，絕大多數都會反應「不用了，我要回去了」。

因此，看穿女性做愛是為了滿足心靈還是肉體其實是一件非常重要的事。

在前戲或性愛的過程當中固然可以詢問對方，不過最要緊的，就是要具備能夠看穿「對方在渴求什麼」的觀察力，千萬不可疏於觀察，做出有違對方意願的舉動。

不過最基本的原則，還是「擁有一顆體貼對方的心」。

PATTERN1

喜歡／寂寞

希望有人陪伴在旁

因為感情而做愛的女性，事後都會希望對方能肌膚相親。此時不妨讓對方躺在肩上，輕撫她的頭髮，使其心靈得到滿足。

PATTERN2

尋求快樂

不求後戲

為了肉慾而做愛的女性有時會覺得後戲令人厭煩。男性要是因為女性轉過頭去而感到訝異的話，就代表你觀察力還不夠。

清水健式 性愛檢定 ②
答案 & 解說

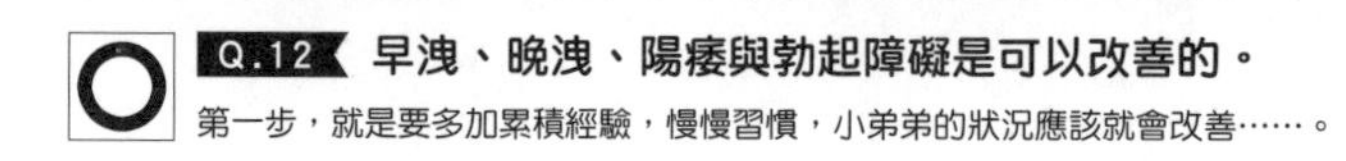

○ Q.12 早洩、晚洩、陽痿與勃起障礙是可以改善的。

第一步，就是要多加累積經驗，慢慢習慣，小弟弟的狀況應該就會改善……。

○ Q.13 身體柔軟的人做愛時通常感受會比較敏銳。

特別是髖關節比較柔軟的人對性的感受度就會增加，故平時要多做一些柔軟操。

○ Q.14 自己的身體應該要從頭到尾仔細觀察一次。

為性所苦的人絕大多數都「不太了解自己的身體」。因此了解自己的內外是一件非常重要的事。

× Q.15 禿頭的人性慾很強。

會影響禿頭的荷爾蒙與控制性慾的荷爾蒙是不一樣的。像我不是禿頭，就足以證明這件事。

○ Q.16 無論男女，最好都能自慰。

男女都要，尤其是女性。因為不自慰的話，上了年紀之後若是因病而必須就醫診療時，導尿管會因為尿道周圍肌肉變得僵硬而無法置入。

× Q.17 男女若要達到高潮，勢必要靠「性愛技巧」才行。

我覺得第一個應該是「氣氛」，再來是本人「想要達到高潮！」的慾望，再來才是性愛技巧。

× Q.18 男性果然還是喜歡巨乳。

我比較喜歡飛機場。不過人各有所好就是了。順便告訴大家，AV男優界認為「越是習慣性愛的男人，通常會越喜歡貧乳」。

○ Q.19 愛撫方向基本上與身體縱向平行為佳。

詳情請見本書！

○ Q.20 越是懂得如何做愛，就越不容易感到疲憊。

會覺得累的人是因為不必要的動作太多。詳情請見本書！

× Q.21 性伴侶求愛時，就算郎有情妾無意，也要配合對方來一場。

做愛時兩人必須情投意合。「既然上次讓我做，那麼今天應該也可以吧！」會這麼想，只不過是男人一廂情願。

× Q.22 性愛越激烈，感覺就越舒爽。

剛好相反。越舒爽的性愛「動作就越簡單」，而且動作會化繁為簡。

清水健式 性愛檢定

以全部答對為目標吧！

答對 22 題

你是性愛行家！

答對 15 ～ 21 題

還差那麼一步！看著自己，找出原因！

答對 10 ～ 14 題

等等～！站在對方的立場想想看吧！

答對 5 ～ 9 題

哎呀～！說得好聽一點的話，那就是你還有發展空間啦！

答對 0 ～ 4 題

喂喂喂！這本書你給我認真地再看一遍！

結語

讀完這本書之後，大家覺得如何呢？

有些事會讓人恍然大悟，當然有些事也會讓大家失聲尖叫「什麼!?真的是這樣嗎!?」

既然性愛沒有正確答案，當然會有人不認同我的想法與理論。但是沒關係，性愛本來就是這樣。

在寫這本書時我不斷地提醒自己，「告訴大家真正派得上用場的性資訊就可以了」。

出過書的人應該明白，出書時第一件要做的，就是決定頁數。因為頁數一多，書就會變厚，因此陳列在架上的時候，就物理而言，占據視線的面積就會變大。

厚如磚塊的廣辭苑（日文國語辭典）與薄如紙片的小書並排陳列在一起的時候，大家會先看到哪一本呢？這樣比喻應該很好懂吧？

所以說，出版社通常會希望書本的厚度能夠到達某個程度。但是如此一來，勢必要多寫一些無謂的內容，或者是不需要的知識才能增加頁數，導致最後寫出來的是一本語焉不詳、塞滿了各種資訊的書，讀者根本就無心看到最後一頁。

我在這裡要清清楚楚地告訴大家。

貨真價實的東西，其實都很簡單的。

大家可以看看耐吉（Nike）或蘋果電腦（Apple）的商標，是不是都非常簡潔不花俏？越是沒有自信的人，才會越想要增加一些多餘的顏色或線條來刷「存在感」。

就算是格鬥技，我也從未看過肌肉過度結實、花招過度繁瑣的人贏過，勝利的人往往都是「自然體」，就和年長的拳法行家是不需要擺出任何架勢就能輕鬆應戰一樣。

因此這次我只寫下真正想要告訴大家的事，盡量把不需要的內容加以刪減。

事實上去蕪存菁反而更費力。結果……這本書就變成這樣的厚度了（笑）。

因為輕薄，所以內容紮實。這沒有自信可是做不到的。如果能夠再加上本身想法與經驗法則的話，我們就可以成為一個擁有「自我獨創」、技巧爐火純青的性愛行家了。

「這本書讓我愛上性愛！」

深信自己會聽到這句話的我，就此擱筆。

COVER

早川あかり

COMIC

仲村ユキトシ

ILLUSTRATION

ありまなつぼん

只野さとる

戸ヶ里憐

啊嗯～♥
啊♥
怎麼會
這麼舒服呢♥
糟糕……
清水健筆記
進行SHIMI舔陰技巧時要溫柔地按壓G點、直舔陰蒂，同時挑逗乳頭，三處齊下，並且端視對方的反應調整力道。
嗯嗯……♥
張腿

會不會痛？
嗯……不會

嗯……
插
嗯……♥
吸氣
啊啊♥
嬌喘
清水健筆記
插入之後不要立刻扭腰，先靜止5～10秒，讓女性好好感受。不過這個時候並不是靜止不動就可以，龜頭也要找尋一個舒適點。

嗯啊♥
輕揉
輕揉
清水健筆記
在做愛的過程當中，男女都要撫摸對方的某個部位。如果是性感帶的話那就更好了。
顫抖
不……
我……♥
顫抖

啊啊啊啊♥
啊♥
顫抖
♥
……
啊……
流汗了……
謝謝……
!
要喝嗎？

他幫我
摺衣服耶……

那……
回家小心喔
嗯
謝謝！

昨天真的
很開心！
清水健筆記
一直到能讓對方回味無窮，「能遇到他真好」為止，才算是一場完整的性愛。所以到最後可別忘記好好謝謝對方喔。
下次什麼時候
可以見面呢
我也很開心喔
下個禮拜六
如何呢？

♪

清水健 SHIMIKEN

1979年，出生於日本千葉縣。
男優經歷23年，演出作品多達1萬部，
床戰經驗人數超過1萬人的日本天王AV頂級男優，同時也是性的求道者。
興趣廣泛，包含有健身、猜謎、跳舞、邊走邊吃。
曾在東京健美錦標賽中獲獎，並在日本BS SKY Perfec TV「地下猜謎王決定賽」（BAZOOKA!!!）頻道中榮獲第4屆、第5屆地下猜謎王。
著作頗豐，有《AV男優Q&A：從業界祕辛到性愛技巧，清水健完全爆料》（台灣東販）、《天王AV男優清水健完美性愛實戰講座》（尖端出版）、《しみけん式「超」SEXメソッド 本物とはつねにシンプルである》（笠倉出版社）。

Twitter: @avshimiken
Instagram: @avshimiken
官方部落格：ameblo.jp/avshimiken

日文版 staff
封面插畫　早川あかり
漫畫　仲村ユキトシ
插畫　ありまなつぽん／只野さとる／戸ヶ里憐
圖解　はむきち

做出實戰好口碑！
圖解天王AV男優清水健萬人斬性愛密技

2021年2月1日初版第一刷發行
2022年8月1日初版第三刷發行

著　　者　清水健
譯　　者　何姵儀
主　　編　陳其衍
美術主編　陳美燕
發 行 人　南部裕
發 行 所　台灣東販股份有限公司
＜地址＞台北市南京東路4段130號2F-1
＜電話＞(02)2577-8878
＜傳真＞(02)2577-8896
＜網址＞http://www.tohan.com.tw
郵撥帳號　1405049-4
法律顧問　蕭雄淋律師
總 經 銷　聯合發行股份有限公司
＜電話＞(02)2917-8022

國家圖書館出版品預行編目資料

圖解天王AV男優清水健萬人斬性愛密技：做出實戰好口碑！／清水健著；何姵儀譯. -- 初版. -- 臺北市：臺灣東販, 2021.02
160面；14.7×21公分
譯自：しみけん式「超」SEXメソッド 本物とはつねにシンプルである イラスト版
ISBN 978-986-511-597-5(平裝)

1. 性知識

429.1　　109021456